PETIT LIVRE DE LA DETECTION DES MENSONGES

Techniques pratiques pour détecter les
mensonges et développer votre vigilance

Philippe Kaizen

Dédié à ma famille, à Leila et à mon père Christian.

©2010 Philippe Kaizen
Edition: Books on demand GmbH, 12/14 rond-point des champs Elysées – 75008 Paris, France.
Imprimé par: Books on Demand GmbH, Norderstedt – Allemagne.
Dépôt légal: juillet 2010
ISBN:978-2-8106-1946-7

SOMMAIRE

Chapitre 1	Introduction	6
Chapitre 2	Les mensonges et votre cerveau	10
Chapitre 3	Les mensonges et vos yeux	18
Chapitre 4	Mensonges et comportements	28
Chapitre 5	Mensonges, Logique et bon sens	53
Chapitre 6	Tactiques, stratégies et contre-attaques	71

Chapitre 7   **Techniques avancées**   **91**

Chapitre 8   **Techniques mentales**   **101**

Ce que ce livre va vous apporter.

L'objectif de ce livre est de vous apprendre les techniques qui vont vous permettre de détecter les mensonges chez vos interlocuteurs.
Vous développerez ainsi une plus grande vigilance et vous saurez détecter et contre-attaquer une personne qui tente de vous mentir.
Nul besoin d'apprendre par coeur des centaines de gestes, techniques ou réflexes, il vous suffira juste de comprendre la mécanique de fonctionnement des réactions psychologiques et physiques qui se produisent chez les menteurs. Autour de cette mécanique de base , nous étudierons ensemble quelques techniques redoutables qui utilisées seules ou associées vous donnerons la possibilité d'affronter plus sereinement des situations difficiles, stressantes et à forte charge émotionnelle.
Bienvenue dans le petit livre de la détection des mensonges, je vous souhaite une bonne lecture !

Philippe Kaizen.

Chapitre 1

INTRODUCTION

Un entretien d'embauche en vue ? Vous désirez vous offrir un ordinateur de bureau pour aller sur internet, gérer votre comptabilité ou simplement pour jouer mais vous êtes submergé par les informations que vous donne le vendeur qui vous présente le modèle le plus cher du rayon alors qu'un modèle moins puissant ferait très bien l'affaire ? Vous voulez acheter une voiture d'occasion à un particulier qui vous affirme que son véhicule est en très bon état mais ne connaissant rien en mécanique vous voudriez savoir si cette personne est honnête ? Vous soupçonnez votre conjoint d'avoir une aventure et vous voudriez connaître la vérité sans forcément attirer son attention ? Votre enfant vous cache certaines choses comme son nouvel engouement pour la cigarette ou bien son engouement pour les notes en dessous de la moyenne et vous aimeriez connaître le fin mot de l'histoire ?

Et si détecter les mensonges devenait votre nouveau sport favoris ? Avez vous besoin d'une machine spéciale ? Non ! Juste de connaître un tout petit peu de théorie sur le fonctionnement des réflexes que vous agrémenterez de quelques techniques bien ficelées qui feront de vous un détecteur de mensonges vivant !

Lorsque nous mentons notre corps réagit, il réagit de manière réflexe qu'il est quasiment impossible de contrôler.

Ce petit livre de la détection des mensonges est organisé de la façon suivante: pour savoir d'où viennent ces fameux réflexes et pourquoi il est très difficile de les contrôler le chapitre deux sera le lieu idéal pour comprendre de façon simplifiée le fonctionnement du cerveau. Presque toutes les techniques que vous apprendrez dans ce livre sont basées sur ce mécanisme des réflexes si bien que vous deviendrez capable de discerner facilement une réaction honnête d'une réaction construite de toute pièce.

Ce fonctionnement du cerveau est basé sur les travaux du Docteur Roger Sperry , connu pour son prix nobel de médecine concernant ses travaux et ses découvertes sur les deux hémisphères du cerveau. Deux hémisphères dont nous parlerons pour comprendre encore plus en profondeur le fonctionnement de notre cerveau et pour découvrir dans le chapitre trois la relation entre les mensonges et l'orientation du regard lorsque votre interlocuteur vous ment. En effet vous serez capable, après avoir lu ce chapitre, de savoir si votre interlocuteur fait appel à sa mémoire ou s'il invente les paroles qui sortent de sa bouche.

Après cela vous vous immergerez dans le chapitre quatre qui vous apprendra les notions d'espaces et de géographie. Non il ne s'agit pas de physique ou de géographie d'école mais d'espace occupé par une personne qui ment, généralement après une réaction , sa façon de se comporter, de se tenir, les gestes qu'elle va effectuer et qui vont la trahir. Ces techniques sont issues de mon expérience personnelle de joueur de poker mais aussi des nombreuses auditions que j'ai pu observer dans ma carrière au sein de la Gendarmerie Nationale et seront donc étudiées dans le chapitre numéro cinq qui traitera de la logique et le bon sens que vous trouverez dans les réactions verbales que peuvent avoir les personnes cachant quelque chose ou dissimulant la vérité.

Le chapitre six abordera les différentes stratégies possibles pour détecter les mensonges comme l'attaque directe ou la technique qui consiste à détecter des signaux sans que votre interlocuteur s'en rende compte. Une chose est sure c'est que dans ce chapitre vous passerez en mode « offensif ».

Le chapitre sept vous apportera quelques clefs supplémentaires en vous proposant des techniques avancées de mensonges, utilisées par les menteurs et issues de mes recherches personnelles.

Et pour terminer ce livre, le dernier chapitre traitera de ma méthode d'entrainement mental qui se concentrera sur la maitrise de soi (comment rester lucide lorsque vous essaierez de détecter les mensonges dans une situation personnelle difficile) et sur la technique qui vous permettra d'assimiler beaucoup plus rapidement n'importe quelle information ou compétence (ici il s'agira pour vous d'être un redoutable détecteur de mensonges!).

Tout un programme n'est-ce pas ?

Je voudrais aborder plusieurs points importants avant de commencer la théorie. Premier point, détecter les mensonges demande un certain entrainement et une certaine discipline (comme dans tous les domaines du moment que l'on a pour but d'atteindre un certain niveau de maitrise). Mais je tiens à vous rassurer, cet entrainement est très simple et n'importe qui peut le faire et devenir un détecteur de mensonges efficace en s'entrainant de manière régulière.

Deuxième point, ce n'est pas parce qu'à un instant T vous allez capter un signe de mensonge chez une personne qu'il faudra la traiter immédiatement de menteuse et tenter de la confronter. J'ai personnellement pour habitude, lorsque je perçois des signaux de mensonges, de créer une petite liste dans ma tête sur laquelle je vais inscrire le signal ou la réaction que j'ai repéré dans la colonne mensonges et le moment venu, et en fonction de la situation ou du contexte, confronter la personne ou l'éviter (par exemple un vendeur dont je suis certain qu'il veut « m'arnaquer »).

Dernier point, dans ce livre j'utiliserai le féminin ou le masculin sans préférences particulières pour l'un des deux sexes pour désigner une personne qui ment, et vous fait part ainsi de mon soucis d'impartialité.

Cette parenthèse étant fermée, entamons notre petit voyage dans les méandres du cerveau.....

Chapitre 2

LES MENSONGES ET VOTRE CERVEAU

Pour bien comprendre le mécanisme de base qui permet de détecter les mensonges nous allons ensemble faire un petit tour du coté du cerveau et aborder son fonctionnement. Ne vous inquiétez pas il n'y aura pas de théories complexes, seulement des explications simples et claires à la portée de tout le monde. Ce chapitre est important car lorsque vous aurez compris ce fonctionnement et, après avoir lu ce livre, vous serez en mesure de pouvoir détecter ou deviner qu'une personne n'est pas en accord avec elle même, c'est à dire que ses paroles ne reflètent pas ses pensées réelles et cela sans avoir à mémoriser par cœur des dizaines de mouvements effectués lors d'un mensonge. C'est également le but de ce livre , vous donner la possibilité de vous adapter à des situations inconnues ou difficiles.

Vous avez surement déjà été surpris par quelque chose, un événement qui surgit tout à coup devant vous sans prévenir. Vous êtes tellement surpris que vous êtes soudain plongé dans un fort état d'émotion. Cette émotion vous fait, soit réagir avec des réflexes qui vous permettent de gérer la situation, soit vous fige sur place, soit vous fait prendre « la fuite ». Peu importe la direction de cette réaction, c'est précisément cette émotion et sa provenance qui est le point clé de tout le mécanisme de la détection des mensonges.
Cette réaction est extrêmement rapide, instantanée et il est quasi impossible de la contrôler. Pourquoi quasi ? Parce qu'avec de l'entrainement (beaucoup en fait) il est possible de réduire ces réactions dans une certaine mesure, par exemple les joueurs de poker professionnels les plus expérimentés ont appris à se contrôler pour générer le moins possible de gestes ou réflexes qui pourraient traduire d'une manière ou d'une autre la valeur des cartes qu'ils ont en main. En fait les personnes qui ont un lien avec un domaine où il faut posséder une grande maitrise de soi pour faire face à des situations difficiles ou stressantes peuvent avoir une certaine pré-disposition à se contrôler. Mais ne vous inquiétez pas, d'une part le pourcentage de personnes ayant

une grande maitrise de soi est faible et d'autre part avec ce livre vous allez apprendre à détecter des gestes, paroles, réactions même chez une personne qui se maitrise notamment grâce aux techniques offensives que nous verrons dans les chapitres suivants. Et enfin, pour ceux qui veulent apprendre à développer, entre autre, une certaine maitrise de soi, le dernier chapitre leur est entièrement dédié.

Lorsque nous sommes dans cet état de surprise, quand par exemple une personne nous pose une question à laquelle on ne s'attendait pas du tout, notre corps réagit instantanément, tel un sursaut mais sous la forme de mouvements. Ces mouvements peuvent être de la tête, des yeux, des sourcils, de la bouche, des bras, des pieds, du buste, bref de toutes les parties du corps (enfin presque). C'est immédiat, et il est donc très difficile de les cacher. Ensuite, passé ce réflexe, lorsque nous avons décidé de mentir nous nous trouvons sous un certain état émotionnel (un état de stress) qui va à nouveau se traduire dans la durée par d'autres gestes ou mouvements qui nous trahiront aux yeux d'une personne qui sait détecter les mensonges. Les mensonges se déclèleront, et c'est aussi un point très important dans la détection, par les paroles. Non pas dans une quelconque tonalité ou vitesse de débit des paroles mais dans la logique des réponses elles-mêmes.

Pour résumer, peu importe le niveau de maitrise de soi de l'interlocuteur, ses mensonges se dévoileront d'une manière ou d'une autre , instantanément ou sur la durée.

Le dénominateur commun à ces réactions réflexes sont les émotions. Et ces émotions sont générées dans un lieu bien précis de notre cerveau, le système limbique !

Le cerveau peut être décomposé en trois parties principales, que voici sur le schéma suivant:

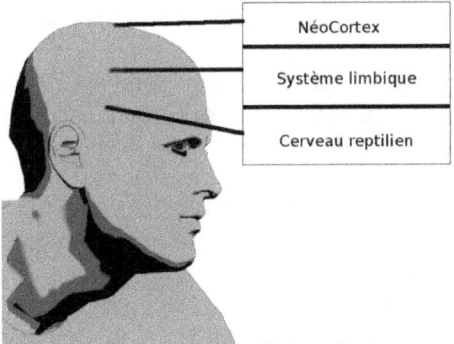

Nous pouvons nous représenter le cerveau sous la forme de trois couches, la plus profonde se nomme le cerveau reptilien que vous pouvez trouver également sous le nom de système R-complex.. La couche du milieu loge ce que l'on appelle le système limbique et la partie supérieure du cerveau se nomme le cortex ou néo-cortex.

La partie la plus profonde, le cerveau reptilien, a pour mission de contrôler tout ce qui est automatique dans le processus de fonctionnement de notre corps. Par exemple c'est cette partie du cerveau qui régule notre respiration, qui contrôle la température de notre corps, qui gère la tension artérielle, qui régule notre rythme cardiaque, en somme tout le fonctionnement des éléments vitaux de notre corps. Il est aussi le centre des besoins vitaux tels que le sommeil, la reproduction et la nourriture. Le cerveau reptilien serait, sur toute l'évolution du cerveau humain, la partie la plus ancienne mais ce qui est sur c'est que c'est la partie la plus vitale !

Cependant, ce n'est pas cet ensemble qui nous intéressera le plus.

Les parties qui vont nous intéresser sont le système limbique et le néo-cortex.
La couche intermédiaire nommée donc système limbique, est la partie du cerveau qui est la base de la compréhension de la mécanique de la détection des mensonges.
Pourquoi ?
Parce que c'est ici que siègent les émotions et la mémoire. En fait ce système est beaucoup plus complexe que le simple fait de le diviser en deux éléments, c'est en fait un ensemble de structures dédiées chacune à des taches précises, mais les deux structures que sont les émotions et la mémoire seront celles sur lesquelles je vais me concentrer.
Le système limbique exerce un contrôle sur le système nerveux, sur certaines glandes (comme l'adrénaline par exemple) et participe au système de survie de l'humain. Mais le plus important c'est que c'est dans cette partie du cerveau que sont gérées les émotions.
Lorsque nous sommes surpris par un événement quelconque qui surgit devant nous c'est notre système limbique qui immédiatement, prend le contrôle de la situation et vous fait réagir à cet événement tel un réflexe ultra rapide. Lorsque l'on dit que votre émotion a pris le dessus, que votre sang n'a fait qu'un tour, c'est de la faute de ce système limbique car c'est lui qui génère ces fameuses émotions que vous n'avez pu contrôler lors de la dernière situation difficile à laquelle vous avez été confronté.
Le système limbique est également étroitement lié au processus de mémorisation, en fait, il a même été établi que la mémorisation est un processus émotionnel. Comme vous pouvez le constater, les émotions ont vraiment un grand rôle dans notre vie et pas seulement dans la détection des mensonges !
Lorsque l'effet de « surprise » a été géré par le système limbique, l'information est passée à la partie du cerveau

appelée néo-cortex. Le néo-cortex est la partie de notre cerveau qui a la plus grande taille. On peut définir cet élément du cerveau comme étant le siège de la pensée, de la pensée consciente. Ce néo-cortex reçoit donc l'information en provenance du système limbique et nous essayons alors consciemment de gérer cette situation, en essayant de nous calmer, en essayant de reprendre nos esprits et ensuite de prendre une décision adéquate (ou non). Il n'est pas rare par exemple chez des joueurs de poker même professionnels, de déceler une réaction limbique (c'est sous ce terme que je définirai à présent ces réactions) où le joueur va être surpris (génial! J'ai une paire d'as), va positionner ses mains dans une position de confiance puis immédiatement après le néo-cortex, la pensée consciente, va lui dire « attention tu es en train d'afficher de la confiance, change vite de position ! », le joueur rectifiant tout de suite la position de ses mains donnant à ses adversaires une impression inverse (qu'il a en fait dans ses mains des cartes faibles).

Le néo-cortex est divisé en deux hémisphères, souvent nommés cerveau gauche et cerveau droit, chacun ayant des spécificités bien précises que nous aborderons dans le prochain chapitre sur la relation avec le mouvement du regard. En effet selon la direction que prend notre regard lors d'une réflexion, nous faisons appel à notre mémoire ou nous créons, inventons quelque chose.
Les deux éléments du cerveau dont il est donc important de comprendre le fonctionnement sont donc le système limbique et le néo-cortex.
Vous comprenez mieux à présent le fonctionnement du système limbique qui est instantané, qui réagit au moyen d'émotions et qui fait donc réagir le corps par différents canaux.

Pourquoi est-ce si important de comprendre le système limbique ?

Pour les deux raisons suivantes:

Premier point, vous pouvez d'ores et déjà considérer la règle suivante: étant donné que la réaction limbique est instantanée, très difficilement contrôlable, qu'elle provient des émotions gérées par le système limbique, elle est donc sincère ,spontanée, et si elle est sincère alors elle n'est pas inventée de toute pièce par le cerveau « conscient ». Nous pouvons établir le contraire de cette règle, si une réaction n'est pas spontanée, immédiate, alors elle a toutes les chances d'être fabriquée. Lorsque vous offrez un cadeau à une personne , si elle a une réaction de surprise, de joie immédiate c'est qu'elle a eu une réaction limbique, donc sincère et qu'elle a apprécié votre cadeau , si par contre elle fait semblant d'exprimer de la joie (en simulant la surprise) pendant plus d'une seconde vous aurez compris que c'est sa pensée consciente qui a pris le relais et « fabrique » donc cette fausse joie. Cependant, si le cadeau ne lui plait pas non plus, vous aurez droit certainement à une réaction limbique qui s'exprimera par des gestes bien précis que nous aurons tout le temps d'explorer dans les prochains chapitres.
Deuxième point, et vous l'aurez compris, pour détecter les mensonges, il vous suffira de surprendre votre interlocuteur et donc de faire entrer en action son système limbique qui le fera réagir sous la forme de gestes, mouvements, puis de paroles que vous ne manquerez pas, j'en suis certain, d'intercepter !

Une question directe à votre interlocuteur concernant un sujet sensible ne va pas manquer de faire réagir son système limbique surtout si vous mettez d'abord cette personne dans un état de confiance. Avec les avantages et inconvénients que comporte une « attaque » directe bien entendu.
Et si vous avez loupé cette réaction limbique ? Et si votre interlocuteur a pu maitriser tant bien que mal sa réaction et que vous n'êtes pas sur de ce que vous avez vu ?

Pas de problèmes ! Une fois que vous questionnez votre interlocuteur, celui ci sera dans un état de stress, qui est une forte émotion et malgré tous les efforts que le menteur tentera d'effectuer pour cacher ce stress, son émotion finira toujours par se traduire en des gestes réflexes (stress est égal à émotion et donc égal à système limbique).
Nous verrons également dans les prochains chapitres qu'il n'est pas forcément nécessaire d'attaquer directement une personne, vous pourrez faire réagir son système limbique sans qu'il s'en rende compte et obtenir ainsi des informations à son insu !.

Pour conclure ce chapitre, toute la base, les fondations de la détection des mensonges se situe dans les réactions réflexes du systèmes limbique, honnête, sincère , instantané, qu'il vous faudra déclencher chez votre interlocuteur par plusieurs méthodes, directes ou indirectes que nous développerons ensemble dans les prochains chapitres.

Mais puisque nous sommes toujours dans les méandres du cerveau , passons maintenant à l'étude du néo-cortex et de ses deux hémisphères. Chapitre également important car il vous apportera les notions nécessaires pour connaître tous les secrets de l'orientation du regard. Vous avez posé une question à votre interlocuteur, puis il réfléchit en orientant son regard vers la droite. A quoi pense-t-il ? Est-il en train de faire appel à sa mémoire ou est-il en train d'inventer une histoire ? Bienvenue dans le......

Chapitre 3

LES MENSONGES ET VOS YEUX

Lorsque nous réfléchissons, nos yeux se baladent d'un coté ou de l'autre, vous l'avez sans doute remarqué, mais cela a t-il réellement un rapport avec les mensonges ou la vérité ? Il arrive que dans certaines séries policières on entende un protagoniste annoncer: « il a menti ! Il a regardé de tel coté à ce moment là ! ». Alors, est-ce bien réel ou est-ce seulement de la fiction ?

Et bien non, ce n'est pas de la fiction, il y a bien un lien réel entre la direction que nous donnons à notre regard et les mensonges ou la vérité. Je dirais plutôt que notre regard « prend » une direction et non nous lui donnons consciemment une direction car il s'agit d'un réflexe. Est-ce un réflexe limbique ? Non c'est plutôt un réflexe post-réaction limbique. Si par exemple vous posez la question suivante à votre interlocuteur: « où étiez vous hier soir entre vingt heures et vingt deux heures ? » il se produira certainement une réaction limbique puis ensuite, et en fonction de l'innocence de la personne, elle se mettra à réfléchir à la question que vous venez de lui donner. Lorsque nous réfléchissons à quelque chose, c'est soit pour faire appel à sa mémoire, soit pour créer ou inventer une réponse. Notre cerveau est divisé en deux hémisphères ayant chacuns des fonctionnalités bien précises et en fonction de notre réflexion (appel à des souvenirs ou invention) notre regard va s'orienter dans une direction bien précise. Il est très difficile de maitriser ce mouvement et même si nous le pouvions il nous trahira pendant une fraction de seconde, qu'une personne versée dans l'art de la détection des mensonges (comme vous le serez à la fin de ce livre) sera capable de repérer sans problèmes.
Pour comprendre comment cela fonctionne nous allons à nouveau nous pencher vers notre fantastique système qu'est le cerveau.

Mes recherches sur ce sujet ont été fortement inspirées des travaux du docteur Roger Sperry, prix nobel de médecine pour ses travaux connus sur le fonctionnement du cerveau et en particulier sur la découverte des deux hémisphères et de leurs fonctionnements distincts.

Les travaux du docteur Sperry portaient sur les patients dont le Corpus Callosum à été coupé suite à une opération pour traiter l'épilepsie. Le seul moyen à l'époque était apparemment de couper ce système du cerveau qui est en fait un réseau de nerfs qui relient le cerveau gauche et le cerveau droit. Suite à cette opération les deux hémisphères n'étaient donc plus connectés.

Le Dr Sperry mena alors une série d'expériences qui lui permirent de découvrir d'une part que les deux hémisphères fonctionnent de manière différentes mais que le cerveau gauche contrôlait la partie droite du corps et le cerveau droit la partie gauche. Les sujets devaient regarder un écran et fixer un point au milieu. Sur le coté gauche de l'écran apparaissait le mot CLE, sur le coté droit de l'écran apparaissait le mot POMME. Comme les nerfs optiques sont connectés à l'hémisphère du cerveau opposé, le cerveau gauche a perçu le mot POMME et le cerveau droit le mot CLE. Lorsqu'il fut demandé au patient de dire ce qu'il a vu à l'écran il déclara avoir vu le mot POMME mais pas le mot CLE.

Ce premier fait permit au Dr Sperry de constater un fonctionnement différent entre le cerveau gauche et le cerveau droit. Le cerveau gauche a donc été capable de décrire ce qu'il a vu et le docteur a donc déduit un fonctionnement de type séquentiel (une lettre après l'autre dans ce cas) et logique.

Le cerveau droit a bien enregistré le mot CLE mais n'est pas en mesure de le décrire. Il en a déduit donc ainsi, un fonctionnement holistique (tout en une fois) simultané, conceptuel, métaphorique, bref tout le contraire de la logique.

Devant les patients étaient entreposés différents objets dont une pomme et une clé. Lorsqu'il demanda au patient de prendre avec sa main gauche l'objet qu'il avait décrit (la pomme) il prit la clé ! (la main gauche étant contrôlée par le cerveau droit et ayant enregistré la clé)

Voici un petit schéma récapitulant les fonctionnalités des deux hémisphères du cerveau.

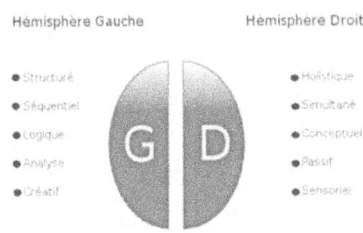

Comme vous l'avez constaté, d'après les recherches du docteur Sperry, le cerveau gauche est le centre de la logique, de l'analyse, de la créativité et son fonctionnement est séquentiel (c'est à dire une chose après l'autre). Donc, l'hémisphère gauche est la partie du cerveau que nous utilisons quand nous voulons analyser, créer , inventer quelque chose.

L'hémisphère droit est la partie du cerveau que nous utilisons pour tout ce qui n'est pas logique, tout ce qui est conceptuel, holistique et je dirais même « intuitif » (pour bien appuyer le fait que c'est exactement tout le contraire de la logique). Le cerveau droit est celui dont nous nous servons lorsque nous utilisons notre mémoire, lorsque nous faisons appel à des souvenirs.

Nous pouvons donc sommairement déclarer que le cerveau gauche est celui dont nous nous servons pour mentir, pour inventer et le cerveau droit est celui que nous utilisons pour dire la vérité. Puisque nous faisons alors appel à notre mémoire nous faisons bien appel à quelque chose de vrai.

Il nous reste à présent à établir le lien entre les deux hémisphères de notre cerveau et l'orientation du regard. Prenez le dessin suivant pour vous repérer :

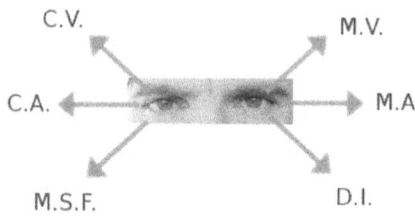

Voici les différentes positions vers lesquelles votre regard peut s'orienter lorsque vous réfléchissez. Pour être le plus clair possible afin de ne pas vous tromper, imaginez ce dessin comme si vous aviez cette personne en face de vous, lorsque je dirai que cette personne fait appel à un souvenir ou qu'elle invente quelque chose, elle orientera son regard vers SA droite ou vers SA gauche. Si vous préférez imaginer les scènes par rapport à votre regard il conviendra donc, vous l'avez bien compris, d'inverser ce que je vais dire.

Imaginons que vous, cher lecteur ou lectrice, et moi, soyons en face de cette personne. Je lui pose la question suivante: « Vous rappelez vous quelle était la couleur de votre première voiture ? ». Son regard va alors s'orienter dans la direction M.V, c'est à dire en haut et vers sa gauche. (M.V pour mémoire visuelle). Nous avons vu dans la description des deux hémisphères que le cerveau droit est le cerveau dont nous nous servons pour faire appel à notre mémoire, et puisque c'est le coté droit de notre cerveau qui contrôle le coté gauche de notre corps alors nous orienterons naturellement notre regard vers la gauche !

Imaginons à présent que je pose la question suivante: « êtes vous capable de vous imaginer une vache rose ? ». Notre interlocuteur n'ayant, je l'espère pour lui, jamais vu une vache rose, va devoir l'inventer mentalement et quoi de mieux que la partie de notre cerveau analytique, créative pour représenter cette vache rose ? Le cerveau gauche de notre interlocuteur va entrer en action et son regard s'orientera naturellement en haut et vers sa droite (C.V pour construction visuelle).

Question suivante que nous posons toujours à notre interlocuteur: « Vous souvenez vous de la voix de votre grand-mère ? ». Devant faire appel à sa mémoire, le cerveau droit va entrer à son tour en action et donc son regard s'orientera naturellement vers sa gauche, mais vers une direction plus horizontale (direction M.A sur le dessin comme Mémoire auditive).

A présent nous allons demander à notre interlocuteur de penser à la chose suivante pour qu'il oriente son regard vers la direction C.A, pour construction auditive. « Interlocuteur, pourrais tu imaginer le son que produirait le clocher de ton village, si les cloches étaient dans ton salon ?! ». Son regard devrait donc s'orienter vers sa droite et vers une direction plus horizontale.

Les travaux effectués en programmation neuro-linguistique par Richard Bandler et John Grinder ont décliné deux orientations que sont l'orientation D.I et S. D.I signifie dialogue intérieur comme si la personne réfléchissait en se parlant à elle même. La direction S comme sensorielle est une direction qui peut être prise lorsque de la réflexion est liée à des sensations comme réponse à une question du style: « tu te rappelles le lac dans lequel on s'est baigné cet été, comme l'eau était froide ? .

Vous voici maintenant en possession d'une nouvelle technique de détection des mensonges, lorsque votre interlocuteur orientera son regard vers sa droite, c'est qu'il inventera la réponse qu'il est en train de vous donner et lorsque son regard s'orientera vers sa gauche , c'est à sa mémoire qu'il fera appel et vous pourrez donc considérer qu'il s'agit de la vérité.

Personnellement et d'après mon expérience sur le terrain, je n'utilise que les orientations mémoires et constructions auditives et visuelles. Si vous voulez vous simplifier la vie ne cherchez pas à vous rappeler quelle partie du cerveau fait quoi mémorisez simplement ce fait.
Une petite parenthèse vient s'ajouter à cela, et qui concerne le fait que nous soyons droitiers ou gauchers. Les gauchers auraient tendance à inverser ce que nous venons de voir, l'appel à leur mémoire se ferait du coté droit. Pourquoi, il est très difficile de le savoir vu les multiples études et contradictions sur le sujet. Rassurez vous, d'une part cela ne concerne (par rapport à la détection des mensonges) que le mouvement du regard et d'autre part il suffit, avant de commencer à « interroger » votre interlocuteur de lui poser une question anodine et discrète qui fera appel à sa mémoire, vous verrez ainsi dans quelle direction son regard s'orientera et serez ainsi en mesure d'en prendre acte pour le reste de votre discussion. Tous les techniques, tous les réflexes, mouvements, gestes que vous verrez dans les chapitres suivants seront les mêmes pour tout le monde !

Cette parenthèse étant maintenant fermée, prenons le temps d'étudier trois exemples:

Premier cas, ce soir votre petit ami rentre un peu plus tard du travail car de temps en temps il va prendre un verre avec ses collègues . Mais vous savez également que de temps en temps sa collègue, mademoiselle X, est de la partie. Vous ne pouvez vous empêcher de penser que votre petit ami la trouve peut être plus sympathique qu'il le laisse entendre et vous aimeriez savoir si elle est souvent présente à ces soirées. Vous lui demandez si X était présente à la soirée, il vous répond que non et vous lui demandez alors: « Cela fait combien de temps que tu ne l'as pas croisée à ces soirées ? ». S'il oriente son regard vers la gauche (sa gauche on est bien d'accord) c'est qu'il fait donc appel à sa mémoire et essaie donc de se rappeler à quand remonte la dernière fois qu'elle est venue à ces soirées. S'il oriente le regard vers sa droite c'est qu'il en train de créer une réponse, d'inventer ce qu'il va vous dire. Vous pouvez en déduire que mademoiselle X soit, vient un peu plus souvent que votre petit ami le laisse entendre , soit qu'elle était présente ce soir. Vous pourriez dire qu'il vous ment, c'est vrai, peut être ne veut-il pas vous inquiéter sachant que vous vous posez des questions, alors il invente une histoire pour ne pas vous inquiéter.

Ce qu'il est important de faire ici, c'est de ne pas partir tout de suite dans des conclusions hâtives, cela dépend effectivement de ce dont nous venons de parler. Par contre ce qui est sur c'est que l'orientation de son regard vers la droite est le signe qu'il a bien inventé sa réponse, et ca, vous pouvez le mettre soigneusement de coté et l'inscrire sur votre liste mentale dans la colonne des mensonges. Si vous voulez avoir le fin mot de l'histoire, il va falloir pousser les recherches plus loin et c'est justement tout l'objet des chapitres suivants.

Deuxième cas:

Vous avez un enfant, qui va à l'école et dont le conseil de classe ne devrait pas tarder. Vous savez que c'est à ce moment là que votre enfant doit vous apporter son carnet de notes afin de vous le faire signer. Seulement voilà, il est déjà arrivé que ce carnet de notes n'arrive jamais, peut être est-ce dû à l'intervention du triangle des Bermudes dans le cartable de votre enfant. Pour ne pas louper cet événement extraordinaire et rarissime, vous allez demander à votre enfant à quel date doit avoir lieu le conseil de classe afin que vous puissiez voir ses notes.

Question: « mon cher enfant, c'est quand le conseil de classe ? ». Si votre enfant commence à réfléchir, son regard s'orientant vers sa droite, alors vous pouvez en déduire qu'il est en train d'inventer la date qu'il va vous donner. S'il vous dit, toujours en regardant vers la droite qu'il ne sait pas, c'est que là aussi il vient d'inventer sa réponse et qu'en fait il sait très bien quand aura lieu ce conseil de classe.
S'il oriente son regard vers sa gauche, vous pouvez en déduire qu'il fait bien appel à une information qu'il a en mémoire et vous dit bien la vérité.

Troisième exemple:
Reprenons le cas numéro un avec votre petit ami, à part que dans cet exemple il aura volontairement appris et mémorisé une réponse au cas où vous lui poseriez la question en rentrant.
Vous l'avez compris, les choses vont être un peu différentes.
Lorsque vous lui demandez si mademoiselle X était présente, qu'il vous répond non, puis qu'ensuite vous lui posez la question: « cela fait combien de temps que mademoiselle X n'est pas venue à vos soirées ? ». Il pourrait vous répondre par exemple « Oh, ca fait à peu près deux mois que je ne l'ai pas vu » en orientant son regard vers la gauche, vous pourriez penser qu' il dit la vérité, puisqu'il fait logiquement appel à sa mémoire.
Lorsque vous aurez lu tout ce livre et mis en pratique mes techniques vous aurez pris l'habitude de ne pas seulement vous fier à l'orientation du regard mais vous ajouterez à cela bien d'autres techniques qui vous feront comprendre que quelque chose cloche avec le regard. Vous pourrez en déduire ainsi qu'il s'agit peut être d'une réponse fabriquée puis apprise par coeur.
Ne vous inquiétez pas, vous verrez dans les chapitres suivants et notamment dans le chapitre « la logique et le bon sens » que dans les mots utilisés, ou, dans la façon de fabriquer une phrase, se trouvent des indices qui vous

permettront de soupçonner ou non un mensonge. De plus dans le chapitre des stratégies vous apprendrez également à « attaquer » ces phrases pré-fabriquées . Le menteur, n'ayant pas pu préparer toutes les réponses possibles, il suffira d'attaquer certains points de la réponse pour qu'il fasse alors appel à son cerveau créatif pour en inventer de nouvelles et ainsi orienter ainsi son regard vers la (sa) droite !
Vous avez donc maintenant à vote disposition une technique efficace pour déterminer si votre interlocuteur invente ou fait appel à sa mémoire lorsqu'il réfléchit à la réponse qu'il va vous donner. N'oubliez pas que vous pourriez tomber sur une personne gauchère un jour et donc inverser l'orientation de son regard. Prenez également en compte la possibilité d'une réponse mémorisée de la part de votre menteur, euh pardon, de votre interlocuteur !

A présent, nous allons passer à la vitesse supérieure avec le chapitre suivant...

Chapitre 4

MENSONGES ET COMPORTEMENTS

Nous allons, dans ce chapitre nous concentrer sur les comportements, la gestuelle, les postures du corps que nous avons ou prenons lorsque nous mentons. Le point le plus important de ce chapitre et même de tout le livre c'est que vous n'aurez pas à apprendre par coeur mille postures et gestes pour réussir à détecter les mensonges. Pour cela nous allons nous baser sur quatre points bien précis. Si vous comprenez bien le fonctionnement de ces quatre points alors vous pourrez facilement déterminer que telle ou telle posture ou geste est lié à un éventuel mensonge. Cela vous facilitera aussi la vie lorsque vous serez confronté à des situations difficiles ou stressantes. Ne vous inquiétez pas, il n'y a rien de difficile, tout ce dont vous avez besoin c'est de lire ce qui va suivre !

En fonction de la situation dans laquelle nous nous trouvons (et sans parler de mensonges) nous adoptons des postures différentes. En fonction de notre humeur par exemple , si nous nous sentons bien nous aurons une posture différente. Pour prendre des exemples de la vie courante, lorsque vous êtes au restaurant en charmante compagnie vous conviendrez avec moi que vous aurez une posture légèrement différente que si vous étiez en compagnie de votre patron, ou même de votre mère ! Lorsque vous prenez les transports en commun vous vous tenez dans une posture différente de celle que vous prendriez si vous étiez tranquillement en train de vous promener en forêt. Là encore, vous adopteriez des gestes complètement différents si au lieu d'être au restaurant en charmante compagnie vous étiez en entretien d'embauche !
Enfin je l'espère...
Et les menteurs me direz vous ? Eh bien c'est la même chose, une personne qui ment va adopter des postures, des positions, des gestes et le plus sympathique dans tout ca c'est que vous pourrez les provoquer...

Sans plus attendre étudions à présent les quatre points clés qui sont peut être les plus importants de ce livre:

1) Le cerveau limbique
2) Les notions spatiales
3) Les auto-massages
4) Les paroles et le reflet de la pensée

Nous avons abordé le point numéro un dans le chapitre qui traite du cerveau, mais nous allons le lier cette fois aux réactions et aux gestes qui en découlent. Le système limbique a un lien avec les notions spatiales et les auto-massages dont nous parlerons plus tard dans ce chapitre.
Lorsque vous posez une question qui surprend votre interlocuteur vous faites réagir son système limbique, vous savez à présent que c'est une réaction ultra rapide, spontanée et donc qui n'est pas fabriquée.
Prenons un exemple très simple.
Vous avez été invitée au restaurant par un de vos collègue et comme il ne vous laisse pas du tout indifférente vous avez accepté l'invitation. Vous êtes donc au restaurant et la conversation a bien évolué puisque vous parlez des relations de couples. Étant donné qu'il vous plait et que si tout se passe bien il se pourrait bien que vous ayez une relation avec lui, vous prenez ce sujet de conversation très au sérieux. Mais comme vous ne savez pas vraiment ce qu'il pense de la relation de couple en général, vous pourriez lancer une question du genre: « je suis une personne sérieuse et fidèle, et toi ? Es-tu fidèle ? ». Pour que la surprise d'une telle question soit totale il conviendra, comme vous en prendrez connaissance dans les chapitres suivants, de placer votre interlocuteur dans une situation où il se sent bien, bref où il aura la garde baissée. Mettons ce détail de coté et émettons l'hypothèse que c'est le cas. Votre interlocuteur est surpris et son cerveau limbique entre en action. Le geste qui se produit généralement est un mouvement du corps, plus précisément et pour entamer le point numéro deux, un mouvement spatial

qui se fera toujours selon trois directions possibles:

1) La fuite
2) Le corps se fige
3) L'agressivité

Soit votre chevalier servant va avoir un geste de recul, soit il va se figer ou soit il va devenir agressif. Quelle est la différence entre les trois actions ? Aucune, ce sont trois directions spatiales différentes mais elles signifient toutes la même chose: que votre interlocuteur se sent impliqué par le sujet de la question et qu'il n'a pas la conscience tranquille.

Il peut réagir de différentes façons, par la fuite « je suis gêné par cette question, car je ne suis pas ou n'ai pas toujours été fidèle, vite fuyons! ». S'il est confortablement assis sur sa chaise, penché en avant sur la table et que tout d'un coup il se recule et s'adosse sur la chaise par exemple, c'est une façon de dire: « non je ne veux pas en entendre plus, pour cela je vais m'éloigner de ce sujet ».

Il peut réagir en se figeant sur place, comme la proie qui se fige pour ne pas être repérée par un prédateur qui vient juste de débarquer (vite cachons nous ou essayons de ne pas nous faire remarquer !) ou il peut réagir par l'attaque, l'agressivité (zut, je suis découvert, je fonce dans le tas) afin d'essayer de vous faire peur et vous faire changer de sujet par exemple.

Si votre interlocuteur est à l'aise avec ce sujet, il n'aura pas de mouvements spatiaux soudain, soit c'est que c'est une personne fidèle, soit elle n'éprouvera pas de problèmes à vous avouer ses quelques infidélités.

L'analogie avec la proie et le prédateur est parfaitement exacte, c'est de cette manière que les animaux réagissent face à un prédateur lorsqu'ils se sentent en danger. Notre système limbique est en étroite liaison avec notre système de survie et procède de la même manière. Si, lorsque vous traversez un passage clouté une voiture que vous n'avez pas vu vous fonce dessus, vous allez avoir une réaction limbique spatiale, la fuite (esquiver la voiture), ou vous allez vous figer. Je passe sur le fait que vous attaqueriez éventuellement la voiture.

Une réaction limbique spatiale est le premier mouvement que vous devez rechercher lorsque vous voulez détecter les mensonges et il est le signe que la personne est impliquée avec le sujet, qu'elle se sent peut être même en danger. Ces mouvements sont en général brefs, mais comme c'est tout le corps qui bouge vous pouvez les repérer facilement. Le recul peut être léger (juste un recul des épaules et de la tête, ne vous attendez pas à ce qu'il se jette par terre), mais s'il est associé immédiatement à votre question c'est que c'est bien une réaction limbique qui s'est déclenchée. Le fait de se figer est une réaction plutôt courte, le temps de reprendre ses esprits il va ensuite émettre d'autres signaux que vous apprendrez à repérer plus tard.

Généralement, ces mouvements du corps s'accompagnent d'autres gestes, avec les bras par exemple, mais l'essentiel est que vous ayez compris ce premier et deuxième point.
Après cette réaction limbique, votre chevalier servant va passer en mode post-limbique. Nous partirons de l'hypothèse qu'il a effectivement quelque chose à se reprocher.
Étudions si vous le voulez bien, l'action au ralenti !
Cet état post-limbique est une sorte d'état de stress, car il va bien falloir y répondre à cette question et votre interlocuteur ne va certainement pas piquer un 100m vers la sortie la plus proche. Donc qui dit état de stress, dit émotion, et qui dit émotion dit lien avec le système limbique. Et qui dit lien avec le système limbique dit réaction ! Étant donné que l'interlocuteur du restaurant doit répondre à une question il

va se passer plusieurs choses dans un temps très court comme effectuer des gestes, généralement de protection, comme pour se cacher ou se protéger de la source qui a généré ce stress. Nous verrons plus en détails par des dessins les gestes de protection classiques. Mais il va se produire également le fameux mouvement du regard dont nous avons parlé au chapitre précédent car il va devoir réfléchir à ce qu'il va répondre. Va t-il orienter le regard vers sa droite ? Vers sa gauche ? Vous connaissez à présent la technique. Cette état post-limbique peut aussi très bien précéder un rendez-vous avec quelqu'un, si en allant au restaurant vous savez que vous allez aborder un sujet sensible vous ne serez donc pas très à l'aise, et serez donc dans cet état de « stress » qui vous fera générer des réactions tout au long du repas (ou tant que vous n'aurez pas abordé et réglé le sujet sensible).

Ce dont je veux exactement parler c'est que dans n'importe quelle situation où il y a des émotions il y a des réactions. Dans notre exemple du restaurant, monsieur x pour le nommer ainsi est dans un état de stress car son interlocutrice veut aborder un sujet sensible. C'est dans ces moments là qu'intervient très souvent le point numéro trois et que j'ai à juste titre nommé auto-massage. C'est un acte qui se retrouve dans beaucoup de réactions gestuelles et c'est pour cette raison que si vous avez bien compris cela vous n'aurez pas besoin d'apprendre par coeur tous les gestes, car dans la plupart de ceux-ci se trouvent cette action d'auto-massage.

Si comme monsieur x vous êtes coincé au restaurant, vous ne pourrez échapper à la question, vous serez stressé , et que cherche t-on à faire lorsque l'on est stressé ? Se détendre ! Et pour se détendre quel est le geste que nous faisons tous ?

Se masser.

Quelques exemples ? Lorsque vous montez votre main jusqu'au front et le massez avec votre pouce et votre index, lorsque vous vous touchez le nez, en fait sans vous en rendre compte vous effectuez un léger massage (rien à voir avec le fait de se gratter le nez). Toujours avec le pouce et

l'index vous vous frottez le menton (en fait vous ne le frottez pas vous vous massez), ou bien vous vous massez l'avant bras, les lèvres, les joues . Les mains posées sur vos cuisses vous faites des mouvements d'avant en arrière pour vous masser. C'est exactement comme pour le massage d'un muscle, avec votre main, votre pouce, vos doigts, vous passez et appuyez plus ou moins fort sur ce muscle pour le détendre. Eh bien ici c'est la même chose, vous avez besoin de vous détendre donc vous vous massez. Et si vous vous massez c'est que vous êtes dans un état émotionnel de stress et si vous êtes stressé alors c'est que vous êtes impliqué ou vous sentez en danger par rapport au sujet auquel vous faites face.

Autre geste un peu plus subtil et que l'on peut confondre avec la réflexion, votre main est devant votre bouche , votre pouce d'un coté des lèvres et votre index de l'autre (la position de la personne qui réfléchit). Si le pouce et l'index sont fixes alors cette personne est bien en train de réfléchir, par contre si son pouce et son index donnent l'impression de se faire un petit massage (des lèvres vers les joues par exemple) c'est que cette personne est dans un état de stress et cherche à se relaxer sans attirer l'attention (des autres joueurs par exemple au poker ou aux échecs lorsque la personne s'aperçoit qu'elle a fait une erreur). Eh oui même aux échecs on peut deviner que quelque chose vient de se passer dans la tête de son adversaire !

Nous avons tous cette réaction qui consiste à se masser soi même, je le répète encore, inutile d'apprendre mille et une positions par coeur, c'est un acte qui se retrouve dans beaucoup de gestes et il vous suffit de les repérer pour avoir une bonne idée de se qui se passe dans la tête de votre interlocuteur.

Reprenons notre histoire du restaurant, que va répondre monsieur x ? « Oui, je suis quelqu'un de fidèle » dit-il en se frottant le lobe de l'oreille. En premier lieu, vous savez qu'il ne se « frotte » pas l'oreille mais se masse, et s'il se masse c'est qu'il essaye de détendre un stress lié à votre question.

Monsieur x se sentirait-il en danger ? Est-il impliqué avec le sujet que vous venez d'aborder avec lui ? Certainement.

Mais allons plus loin et entamons le quatrième et dernier point (les paroles et le reflet de la pensée). Étant donnée que monsieur x a répondu à la question, nous pouvons tout de suite comparer sa réponse à son état de stress. Monsieur x prétend qu'il est fidèle, pourtant il est dans un état de stress que vous avez repéré par son recul (par exemple) puis le fait qu'il se soit massé l'oreille en vous donnant sa réponse.

Vous pouvez établir le fait suivant: les paroles de monsieur x ne sont pas en accord avec ce qu'il pense vraiment. Donc, dans ce cas précis ,vous venez de détecter qu'il ne pense pas ce qu'il vient de dire, en clair c'est un mensonge (que vous pouvez mettre sur votre liste mentale concernant ce monsieur). Vous verrez dans le chapitre suivant que, dans le type de réponse que monsieur x peut vous donner, il est également possible de détecter des mensonges (que vous ajouterez aux pièces à conviction que vous possédez déjà).

Personnellement (bien que dans le cas du restaurant c'est plutôt flagrant), plutôt que de traiter directement mon interlocuteur de menteur, je préfère noter qu'au moment de la réponse qu'il me donne, ses paroles ne sont pas en accord avec ce qu'il pense vraiment. Étant donné le nombre de situations possibles il est préférable de cumuler un certain nombre de signes de mensonges avant de tirer les conclusions finales et de confronter (ou d'éviter) cette personne. Peut être êtes vous en train de discuter avec une personne qui n'a pas envie de parler du sujet que vous venez d' aborder, peut être ne veut-elle pas vous blesser en donnant un avis complètement différent du votre, aussi ira t' elle dans votre sens mais pensera réellement autre chose. Ce qui produira les mêmes mouvements et gestes d'auto-massages dont nous venons de parler.

Vous allez à présent observer une série de dessins comprenant diverses postures, mouvements et gestes d'auto-massages afin que vous ayez une bonne vision des comportements liés aux mensonges.

Mais avant de regarder des images, nous allons parler des pouces et des mains dans les poches.

Si les mains dans les poches est une position banale et que l'on voit tous les jours, elle peuvent avoir une signification concernant l'état d'esprit dans lequel se trouve notre interlocuteur. État d'esprit lié au sujet que vous avez abordé avec lui.

Les mains qui sont complètement dans les poches sont souvent le signe que la personne n'est pas très à l'aise avec la situation à laquelle elle fait face. A cela peut même s'ajouter une petite rotation du corps, comme pour se mettre de trois quart par rapport à cette situation gênante. En fait dans la tête de votre interlocuteur son état de « stress », son cerveau limbique, cherche à se protéger, à ne pas faire directement face à la situation.

Les mains dans les poches, mais avec les pouces ressortis, sont souvent le signe contraire, il s'agit généralement d'une personne sure d'elle, décidée. Une personne confiante, qui dit la vérité par exemple, ne cherchera pas à fuir la situation, ni même se cacher, elle fera face au problème en question.

La troisième façon de mettre les mains dans les poches, c'est de n'y mettre que les pouces. Cette position des mains traduit là aussi une certaine gêne, comme pour les mains qui sont complètement dans les poches. La personne veut donner l'impression d'un « air plus cool » mais en fait elle est gênée par la situation. Elle pouvait très bien se trouver dans un état décontractée puis, suite à la question que vous venez de lui poser, vous observez alors ce geste, qui sera accompagné probablement d'une rotation du corps pour ne pas faire face directement à votre question.

Puisque nous parlons de mouvements, lorsque qu'une personne ment elle aura une forte tendance à se faire discrète (la proie) et donc par là même aura une manière de bouger qui ira dans le même sens. Cela se traduira par des mouvements lents et généralement petits. Au contraire, une personne qui dit la vérité aura une forte tendance à appuyer ses paroles par des gestes, dynamiques, amples qui donneront du poids à ses arguments. Cela se traduit aussi par un regard qui justement vous regardera droit dans les yeux, là aussi pour ajouter encore plus de poids à ses arguments.

Une personne qui ment aura un regard fuyant, ne vous regardera pas directement dans les yeux. Dans ce livre nous allons souvent nous livrer à l'exercice qui consiste à se mettre à la place de l'autre, ici donc à la place du menteur. Quand vous mentez (je pense que vous l'avez déjà fait) regardez vous votre interlocuteur dans les yeux ? Plutôt difficile surtout lorsqu'il s'agit d'une situation délicate. Même si vous arrivez à le faire une seconde, vous allez détourner votre regard, psychologiquement dans votre tête vous vous dites « je ne vais pas le regarder dans les yeux de peur qu'il y découvre la vérité ». En fait une personne sent intuitivement lorsque vous lui mentez non pas parce qu'elle à le pouvoir de lire dans vos yeux mais justement parce que vous les détournez. Peut être a t-elle honte de vous mentir ?

Revenons une petite seconde aux mouvements amples qu'une personne exécute pour donner du poids à ses arguments par rapport à des mouvements discrets et minime d'une personne qui n'est pas très en accord avec ce qu'elle dit. Observez le dessin suivant:

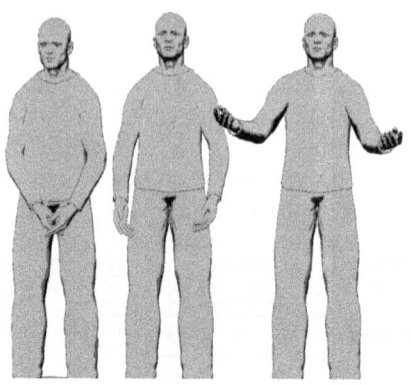

La première personne représente une position plutôt fermée, pour se protéger avec les mains jointes en bas du corps. Cela traduit un certain mal à l'aise.
Ensuite vous pouvez observer deux ouvertures différentes, la première venant d'une personne qui ment et qui veut donner l'impression d'argumenter en faisant des petits mouvements des mains mais avec les coudes qui restent collés comme s'ils avaient peur de dévoiler la vérité en s'ouvrant (enfin devrais-je dire, dévoiler le mensonge). Il n'est pas rare lors d'émissions de télévision de voir ce genre de comportement. Un invité d'un plateau de télévision, assis sur une chaise ou un fauteuil, qui ne croit pas du tout en qu'il dit (ou qu'il ment pour dire les choses plus simplement) va se forcer à faire des mouvements des bras qui accompagnent ses paroles pour donner l'impression de donner du poids à ses arguments et donc essayer d'être convaincant. Mais ses gestes seront petits, lents et discrets.

Souvent vous observerez seulement les mains qui bougent mais elles ne sont pas suivies par les bras.
N'avez vous jamais vu une personne vraiment passionnée par son sujet parlant autant avec ses mots qu'avec ses mains et ses bras ? Cette personne dit la vérité car elle y met tout son coeur et veut argumenter de toutes ses forces en faisant

des mouvements amples et dynamiques comme la troisième personne sur le dessin.

Imaginez que vous ayez posé une question directe à votre interlocuteur en le traitant à tort de menteur , croyez vous qu'il va se faire tout petit, qu'il va essayer de se cacher, qu'il va détourner son regard ? Et vous, si vous êtes accusé à tort comment réagiriez vous ? Vous allez fixer votre interlocuteur, vous allez parler et appuyer de tous vos gestes vos paroles et vous n'allez pas lâcher l'affaire jusqu'à ce que l'on vous croit n'est-ce pas ?

Quel est le geste de protection que vous connaissez tous et que vous appliquez souvent pour vous protéger sans le savoir ? Pas besoin de dessins pour le décrire, c'est le geste qui consiste à se croiser les bras. Lors de discussions entre amis, entre collègues et suite à une question que vous avez posé ou que l'on vous a posé, question peut être un peu plus indiscrète que les autres, ne vous êtes vous jamais surpris en train de soudainement croiser les bras ? Vous observez deux personnes dans les transports en commun, la discussion semble aller bon train et soudain l'un des protagonistes croise soudainement les bras. Vous pouvez en déduire facilement qu'il est maintenant dans une situation inconfortable. On pourrait interpréter ce geste comme le fait de se serrer soi même dans les bras, pour se réconforter, mais dans le cas des mensonges on cherche plutôt à installer une sorte de barrage entre vous et votre interlocuteur. Si vous posez une question du genre « j'aimerais que l'on parle de ce sujet » et que votre interlocuteur croise soudainement les bras en vous disant : » ok pas de problèmes je suis à l'aise avec ce sujet » vous pouvez vous attendre à ce que les paroles qui sortiront de sa bouche ne soient pas en accord avec ses pensées.

Voici sur la photo suivante une position également très classique qui consiste, pour le menteur, à se protéger des attaques :

Les mains croisées comme sur le dessin démontre également un certain malaise par rapport à une situation donnée. Les joueurs de poker professionnels essaient, lorsqu'ils remarquent leurs adversaires adopter ce geste, de voir avec quelle pression leurs doigts sont serrés afin de déterminer le niveau de stress et donc la hauteur du bluff qu'ils sont en train de fabriquer.

Attention cependant au dessin suivant qui dénote absolument tout le contraire. Les mains sont bien jointes mais les doigts ne sont pas croisés, ils forment une espèce de flèche vers le haut. On peut également dire d'une personne qui a confiance en elle qu'elle va se tenir droite, au contraire de la personne qui n'est pas à l'aise et qui va chercher à se cacher en s'affaissant. Cette position des doigts joints et pointant vers le haut peut être corrélée avec cette notion de se tenir droit, de se diriger vers le haut.

Donc attention ce dessin représente une personne qui a confiance en ce qu'elle dit.

Dernier dessin à présent qui représente la notion de protection que la personne qui ment adoptera.

Elle représente une sorte de bouclier entre elle et son interlocuteur comme si mentalement elle se disait, « c'est bon maintenant je suis protégé, il ne peut pas voir que je ment ».

Cette posture comme toutes les autres d'ailleurs sera bien sur précédée d'une réaction limbique, mais sera également la plupart du temps accompagnée d'un regard fuyant (surtout lorsque c'est à la personne qui ment de parler » par exemple.

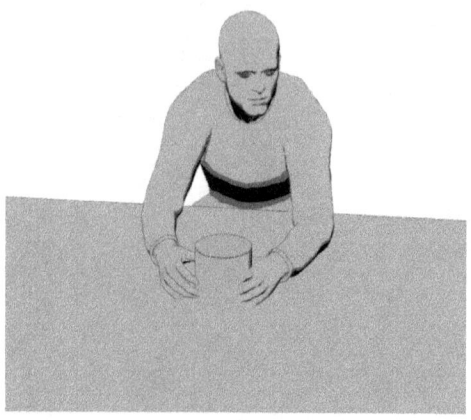

Sur cette dernière image donc, la personne prend un objet qu'elle a sous la main et l'interpose en elle et vous comme un bouclier. Il n'est pas rare d'effectuer ce geste de protection en entretien d'embauche !

Dans la série de dessins suivants je vous propose de visualiser cette notion « d'occupation spatiale » ou d'acquisition du terrain, lorsqu'une personne est assise à table. Nous prendrons comme exemple le cas où cette personne est « interrogée » et doit répondre à des questions, et non pas en charmante compagnie dans un restaurant où cette elle serait plutôt complètement affalée sur la table...

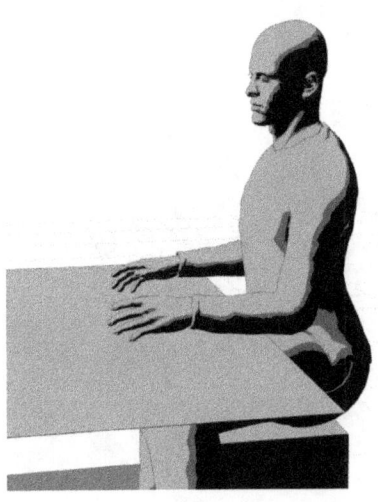

Cette image représente la position « normale » d'une personne assise et à l'aise. Les bras sont posés sur la table, en position ouverte, c'est à dire que les bras ne se croisent pas et ne se touchent pas.

Si vous posez une question qui surprend cette personne et lui fait déclencher une réaction limbique qui indique qu'elle est impliquée dans cette question alors il se passera certainement un mouvement spatial vers l'arrière.

Cette personne va se cacher, s'éloigner, se protéger de cette menace, le tout accompagné des gestes dont nous venons de parler (gestes de protections) comme sur le dessin suivant.

Si cette personne est accusée à tort ou si elle n'a rien à voir avec les informations que vous essayez de détecter chez elle alors elle n'aura aucune raison de ne pas en parler et restera dans une position « à l'aise ». Si elle est accusée à tort elle va argumenter ses paroles par des gestes amples, mais aussi pour donner plus de poids à celles-ci, occuper plus d'espace, plus de terrain sur la table.

Au poker, une personne qui occupe comme cela plus de terrain est une personne confiante, qui a un jeu fort et qui ne cherche pas à cacher un bluff.

Voici un exemple d'occupation de terrain.

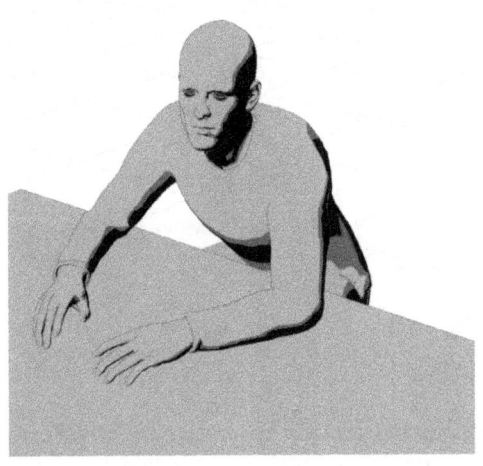

Comme je l'introduisais un petit peu plus tôt dans ce chapitre, un mouvement de protection courant est de détourner tout son corps pour ne plus faire face directement à la menace. Par exemple lorsque vous défoncez une porte (ce que j'en suis sur vous faites couramment) vous ne vous jetez pas de face contre la porte, vous vous mettez de coté !
La position est la même en fait que cela soit assis ou debout.
Il est également associé à ce mouvement le fait de vouloir inconsciemment se diriger vers la sortie pour fuir.

Voici un petit exemple:

A présent que nous avons abordé les notions d'espace et de protection, nous allons parler de ces fameux auto-massages dont je vous faisais part au début de ce chapitre.
Voici une série de dessins qui font référence aux auto-massages. Vous allez voir, vous en avez certainement déjà effectués sans vous en rendre compte.

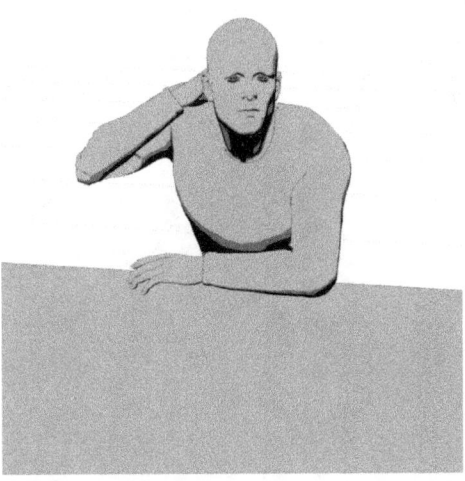

Vous l'avez certainement observé des dizaines de fois, le classique mouvement qui consiste à se masser la nuque. Continuons...

Geste également classique que celui de se masser le lobe de l'oreille, celui là aussi, vous l'avez souvent observé.

Ensuite....

Ce geste « deux en un » représente deux choses, d'une part

un massage du front et d'autre part le fait de se cacher le regard, comme pour ne pas être atteint par ce qui se passe devant nous. On pourrait penser qu'une personne dans cette position est en train de réfléchir mais en fait elle essaie plutôt de cacher quelque chose. Autre geste que vous avez déjà forcément fait, c'est de se gratter le nez, ou plutôt se masser le nez. Vous l'avez déjà observé chez bon nombre de vos interlocuteurs , donc pas besoin de vous faire un dessin pour cette fois !
Observez donc le dessin suivant:

La position du penseur...hum à moins qu'il ne soit en train de se masser ! Cette position, je l'ai souvent observé dans le jeu, que ce soit au poker ou aux échecs. Cela peut être une technique pour dissimuler une partie de son visage afin d'être plus discret voir même un moyen de stabiliser sa tête lorsque l'on est vraiment très stressé. Si malgré cela vous constatez un auto-massage derrière cette position c'est qu'il se passe quelque chose dans la tête de votre adversaire.
Placer un ou deux doigts sur, ou le fait de se cacher, la bouche avec la main (par exemple) peut être également interprété comme étant le fait de vouloir dissimuler une information. De même que de conserver les lèvres serrées.
Dans la presse papier ou sur internet il est très facile de trouver des photos de personnes effectuant ces gestes...

Voici un autre exemple que vous avez déjà du observer:

Le massage du menton, le poing est fermé mais le pouce sous le menton participe également à ce massage.
Cette position peut également être assimilée à une réflexion de la part de votre interlocuteur mais ce n'est pas le cas surtout si vous observez un massage fait avec les doigts ou le pouce sous le menton.

La dernière image....

C'est un mouvement d'auto-massage qui est vraiment très courant mais auquel vous n'aviez peut être jamais accordé d'attention qui consiste donc à se masser l'avant bras avec le pouce, plus ou moins amplement. Nous pouvons même ajouter que cette position se rapproche de la position des bras croisés qui construisent une sorte de barrage inconscient.

Pour conclure ce chapitre, les points importants à retenir sont les réactions limbiques auxquelles sont associés les mouvements spatiaux, les auto-massages et bien entendu le fait qu'il ne faut pas nécessairement se jeter sur votre interlocuteur si vous détectez un mensonge mais de rester conscient qu'au moment précis où ses gestes se sont associés à ses paroles, ses pensées elles, n'en étaient surement pas le reflet.

Vous pourrez observer à présent le nombre incroyable de gestes d'auto-massages chez vos interlocuteurs comme les personnes que vous observerez à distance. Nul donc besoin de mémoriser mille techniques. Vous observerez les femmes qui si elles portent un collier ou un médaillon, pourront le masser suite à une question embarrassante, vous observerez chez les hommes le fait de dé-serrer leurs cravates ou tirer sur le col de leur tee-shirt comme pour détendre un peu une situation tendue. Mais l'essentiel des auto-massages sont sur le corps comme vous venez de le voir tout au long de ce chapitre.

Abordons à présent un registre différent et subtil dans le...

Chapitre 5

MENSONGES, LOGIQUE ET BON SENS

Pensez vous qu'il soit possible de détecter des mensonges sans utiliser les techniques dont nous venons de parler dans les chapitres précédents ? Est-il possible de les déceler, rien qu'en écoutant les paroles qui sortent de la bouche de quelqu'un ?

Eh bien oui ! C'est ce dont nous allons justement parler dans ce chapitre, basé principalement sur les réponses de vos interlocuteurs.

En fait, il s'agit d' une histoire de logique et de bon sens dans la façon de fabriquer des réponses bien que l'origine et le pourquoi de ces réponses soient issues d'un mécanisme psychologique évident.

Ces techniques peuvent êtres utilisées seules mais elles constituent en fait un arsenal supplémentaire à ranger soigneusement dans votre boite à outils du détecteur de mensonges. Donc, si vous voulez être encore plus efficace vous pourrez les conjuguer sans difficultés aux techniques d'ordre plus « limbiques » dont avons parlé dans les chapitres précédents.

Cependant, ce sont des techniques qui pourront tout de même vous aider à détecter des mensonges dans des situations où vous ne voyez pas votre interlocuteur comme par exemple lorsque vous êtes au téléphone. Je dis bien vous aider, vous donner une piste sur les intentions de votre correspondant.

Dernier point, ces techniques ne sont pas du tout difficiles, elles sont mêmes faciles à mémoriser et à repérer dans les discussions, mais pour les comprendre encore plus profondément essayez tout au long de ce chapitre de vous mettre à la place de la personne qui ment. Que feriez vous si c'était vous qui étiez en train de mentir ?

Êtes vous prêts ? Alors entrons sans plus tarder dans le vif du sujet.

L'art de l'esquive.

Une personne qui est surprise par une question gênante et qui va devoir mentir va se retrouver sous pression et la chose la plus naturelle qu'elle va essayer de faire est de s'en soustraire, de s'en éloigner et la technique première du menteur sera donc de tout faire pour changer de sujet !

Il y a des façons plus ou moins subtiles de changer de sujet, vous pourrez rencontrer des personnes bien exercées à ce genre de pratique. Vous avez la manière directe, votre interlocuteur va tout simplement changer de sujet lorsque vous lui poserez la question fatidique.

Vous avez ensuite la manière opportuniste qui lorsque par hasard un événement extérieur qui n'a rien à voir avec votre discussion surgit à ce moment là. Par exemple, le téléphone qui sonne, quelque chose qui se passe dans la rue, n'importe quoi qui permet à votre interlocuteur de saisir l'occasion de changer de sujet.

Vous avez également la manière subtile qui consiste à reprendre un élément de votre question puis de changer, de dévier la conversation sur cet élément. Prenons un exemple, vous avez prêté de l'argent à un ami et vous lui demandez sans trop le brusquer quand est-ce qu'il compte vous le rendre, vous lui demandez: « dis moi, sur la route, en revenant de chez ma mère je me suis rappelé que tu me devais de l'argent, quand penses-tu me le rendre ? ».

Réponse possible: « eh bien, je vais te dire ca bientôt, faut que je vérifie deux trois trucs, tiens au fait en parlant de ta mère, comment va t'elle ? » etc etc....ou « oh ! sur la route tout à l'heure, j'ai vu ci, j'ai fais ca, il s'est passé ca... » etc etc...

Une autre façon moins directe de procéder et si la personne vous connait bien, est d'utiliser un élément faisant partie de votre vie. Prenons à nouveau un exemple, prenons même l'exemple précédent, à part que cette fois la réponse pourrait être: « tiens, au fait et les résultats de tes examens que tu attends depuis si longtemps, c'est bon ? tu les as ? ».

Bon, je pense que vous avez compris le principe, toujours est-il que le changement de sujet est la technique principale qu'une personne qui vous ment utilisera pour se sortir de votre question embarrassante.

Mettez vous à la place du menteur, vous avez fait une grosse bêtise et la personne concernée par votre bêtise vient vous voir et vous pose la question gênante. Après votre réaction limbique vous serez dans cet état de « stress » continu et votre unique but à présent dans la vie sera d' éliminer ce stress et se sortir de cette situation. Et qu'allez vous faire ? Faire tout ce qui est en votre pouvoir pour changer de sujet.

Dans le chapitre « tactiques et stratégies » nous verrons comment piéger efficacement une personne qui change de sujet. Peut importe qu'elle le fasse directement ou subtilement, du moment que vous repériez le fait qu'elle ai changé de sujet (ou même de temps en temps que vous vous rendiez compte que vous vous êtes laissé embarquer sur le nouveau sujet).

Les réponses à géométrie variable.

Les différences dans les types de réponses que peuvent vous donner vos interlocuteurs, s'ils vous racontent des mensonges ou s'ils vous disent la vérité, peuvent être très grandes. J'appelle cela également les réponses à différents niveaux de profondeurs qui, si vous les analysez, vous donneront une idée précise de la réalité des faits qui vont sont présentés.

Pour cela il est nécessaire de prendre un exemple de la vie de tous les jours.

Votre conjointe vous a appelé au téléphone juste avant de quitter son boulot pour vous dire qu'elle est allée à une soirée avec ses amies et qu'elle rentrera dans la soirée. Une

fois rentrée, vous lui demandez comment s'est passée sa soirée: alors c'était comment ta soirée ?
Réponse: « oh, c'était bien ».
Vous constaterez avec moi que cette réponse manque un peu de détails, pour ne pas dire beaucoup. A plus forte raison si vous avez surpris votre interlocuteur en lui posant la question à un moment où il ne s'y attendait pas. Vous avez certainement déjà entendu dire que les personnes qui mentent donnent peu de détails à leurs histoires. C'est vrai, mais il est important de comprendre pourquoi. Mais avant cela je voudrais aborder un point, dont vous devrez tenir compte en écoutant les réponses qui vous sont données.
C'est le rapport entre le comportement normal (le type de réponses que votre interlocuteur vous donne d'habitude) et la réponse qu'il vous donne maintenant et qui est sensiblement différente. Par exemple, d'habitude elle vous parle pendant trente minutes de sa soirée et maintenant elle vous répond seulement par «Oh c'était bien».
Alors, pourquoi est-ce qu'une personne qui ment entre peu dans les détails ? Encore une fois, mettez vous à sa place. Vous rentrez le soir de votre petite fiesta et votre conjoint vous demande comment était votre soirée. Vous répondez simplement par «Oh c'était bien» puis plus rien, votre conjoint n'insiste pas. Par contre le lendemain au beau milieu du petit déjeuner votre conjoint vous lance: «Tiens, raconte moi ta soirée d'hier...». Vous êtes surprise, êtes vous capable d'inventer une histoire complète en moins d'une seconde ? Non, je ne le pense pas, par contre qu'est-ce qui va vous venir à l'esprit tout de suite dans l'urgence ? Un truc du genre «Oh c'était bien», c'est facile, rapide à débiter, pas besoin de réfléchir. Si bien entendu vous faisiez tout sauf prendre un verre avec vos copines, sinon, si c'était bien ce que vous faisiez hier soir, vous n'aurez aucun mal à lui raconter toute l'histoire puisque vous l'avez vécue. C'est là que ce trouve le secret de cette technique, la difficulté d'inventer immédiatement une histoire qui de plus devrait être cohérente. D'où le type de réponses de niveau deux qui

va suivre.

Revenons à notre histoire où votre conjointe vous a répondu la réponse précédente. Comme cela ne vous a pas suffit vous lui demandez plus de détails. Voici une réponse probable: «C'était bien, nous sommes allés boire un verre puis nous sommes allés ensuite au restaurant, c'était sympathique ».
Cette réponse, si elle comporte un peu plus de détails, n'est pas beaucoup plus étoffée que la précédente. Cela reste une réponse facile à inventer et à préparer à l'avance.
En effet, du point de vue du menteur c'est facile à retenir et il y a beaucoup moins de chance de se tromper ou d'être incohérent au sujet de la réponse. Donc dans ce cas présent également, il va falloir émettre l'hypothèse que cette réponse n'est pas le reflet de la vérité.
Analysez à présent ce type de réponse: « oh, c'était très bien , nous sommes allés boire un verre puis nous sommes allés au restaurant, Untel était présent et on a bien rigolé toute la soirée ». Qu'en pensez vous ? S'agit t'-il de la vérité ou est-ce un mensonge d'après vous ?
Cette réponse comporte plus de détails que les deux précédentes non ? Si je vous dis que dans les histoires que racontent les menteurs il n'y figure généralement que des points positifs ? Tout se passe toujours bien dans ses histoires, il n'y a pratiquement jamais de choses négatives. Pourquoi ? Parce qu'il est plus facile, d'une part, de raconter des choses positives que des choses négatives, il est plus facile de dire «c'était bien, c'était sympa, tout s'est bien passé» que «oh c'était pas terrible, c'était pas bien, ca s'est mal passé». N'oublions pas qu'il s'agit d'un mensonge que vous inventez, puis le fait de dire que cela ne s'est pas bien passé vous exposera certainement à d'autres questions, donc autant de réponses à inventer ! Est-ce vraiment cela que le menteur veut ? Se faire piéger ? Non. D'autre part si dans votre mensonge, vous mélangez des points positifs et des points négatifs vous augmentez fortement les chances de vous tromper et de vous contredire plus tard.

Donc, d'après vous, cette réponse est-elle un mensonge ou la vérité ? Il y a des chances que cela soit une réponse inventée de toute pièce par votre conjointe, pour reprendre le cours de l'histoire, une réponse qu'elle a pris le soin de mémoriser au cas où vous lui poseriez des questions. Si vous avez des doutes, posez tout simplement d'autres questions et analysez à nouveau les réponses. Sont-elles du même gabarit ?

Mais avant, prenez en compte le quatrième niveau de réponse que voici. Imaginez la réponse suivante: « Ah c'était très bien, on est allé boire un verre, on est ensuite allé au restaurant. Untel était là, sa femme aussi, ca faisait longtemps qu'elle ne m'avait pas vu et était très contente de me revoir. Elle m'a dit qu'elle était heureuse d'avoir changé de boulot et qu'elle se sentait mieux maintenant ».

Seriez vous capable d'inventer une histoire pareille sans vous tromper et sans être mort de trouille de vous contredire ou que plusieurs jours après on vous demande à nouveau de la répéter ?

Quelle est la différence entre cette réponse et les trois précédentes ? Les détails, bien sur mais il ne s'agit pas de cela. Avez vous remarqué que dans la réponse figurent des pensées, des états d'âmes, des sentiments appartenant à d'autres personnes ?

Pour une personne qui ment il est extrêmement difficile d'inventer des sentiments d'autres interlocuteurs qui en plus d'êtres fictifs sont les acteurs d'une histoire fictive ! Essayez et vous verrez à quel point c'est difficile, et je ne vous parle même pas du fait que si vous étiez face à une personne qui sait détecter les mensonges vous seriez certainement attaqué sur tous les points de votre histoire sur lesquels vous seriez forcé d'inventer et d'inventer encore plus de réponses. Impossible de ne pas se contredire ou se tromper, de plus quand bien même vous auriez appris cette réponse par coeur vous passeriez d'une réponse très détaillée à des réponses du type «oh c'était bien» au fur et à mesure que vous devriez argumenter sur chaque points de votre histoire. Il ne vous reste plus qu'à changer de sujet n'est-ce pas ?

C'est encore une des raisons qui font que les menteurs ne rentrent que très rarement dans les détails lorsqu'ils racontent des mensonges. Non pas qu'ils en soient conscients mais c'est que mentalement c'est un exercice difficile.

Vous en concluez donc que cette quatrième réponse est certainement la vérité.

Vous voici donc avec des éléments supplémentaires qui vous permettront d'analyser le niveau de profondeur d'une réponse provenant de votre interlocuteur et de commencer à émettre de sérieuses hypothèses quand à la véracité de ses réponses.

La robotisation.
La robotisation est un type de réponse donné par le menteur que vous avez certainement déjà entendu lors de vos discussions. C'est le fait de reprendre les mots contenus dans votre question pour en fabriquer la réponse.

Prenons un exemple, à la question « C'est toi qui a fait ca ?!? » vous obtiendrez une réponse du type « Non, ce n'est pas moi qui ai fait ca ». Autre question: « as tu déjà songé à me tromper ?!», réponse de l' intéressé: «non, je n'ai jamais songé à te tromper ».

Vous avez compris le principe. Cependant cette « robotisation » n'est pas à considérer comme la technique de détection ultime, elle est à ajouter aux indices que vous avez déjà collecté sur votre interlocuteur et doit être conjuguée avec les autres.

Ce type de réponse orale fonctionne mieux si vous avez surpris votre interlocuteur car l'urgence, dans cette situation, va être de trouver le plus rapidement possible une réponse. Étant donné qu'il n'a pas à inventer une histoire à propos d'une éventuelle soirée il va quand même falloir trouver une réponse et très rapidement à cette question importante! (toujours en partant du fait qu'il est infidèle dans ce cas de figure). Quel est donc le moyen le plus rapide pour trouver

une réponse ? Reprendre les mots posés dans la question. Si nous passions l'action au ralenti, dans son cerveau cela donnerait quelque chose comme : « Bon sang, mais pourquoi me pose t'-elle cette question maintenant !? Vite il faut que je trouve quelque chose à répondre tout de suite ! J'ai trouvé, je n'ai qu'à reprendre les mots de sa question ca donnera plus de poids à ma réponse ! ».
Très utiles ces actions au ralenti vous ne trouvez pas ?

Puis-je vous aider ?

Si vous accusez à tort une personne, que croyez que cette personne va faire ? Se cacher ? Non. Se taire ? Encore moins. Au contraire, cette personne va tout faire pour vous convaincre qu'elle n'est pas ou n'a pas fait ce dont vous venez de l'accuser. Cela va se traduire comme nous l'avons abordé dans le chapitre précédent, par un regard fixe, des gestes amples et dynamiques, un ton de voix ferme et ce jusqu'à ce que vous ayez bien compris qu'elle est innocente.
En fait c'est le contraire du point numéro un dont nous avons parlé au début de ce chapitre qui traite des changements de sujet. Une personne innocente ne va pas changer de sujet ,au contraire , elle va l'aborder de long en large.
Prenons un exemple différent. Vous travaillez pour une société X et lorsque vous arrivez au boulot vous garez votre voiture sur les places réservées à la société. Le soir lorsque vous rentrez chez vous, vous vous apercevez avec horreur que la porte arrière de votre voiture a été légèrement caressée par semble t'-il, un grand coup de portière ! Peut être est-ce arrivé aujourd'hui, peut être hier vous ne le savez pas mais le lendemain vous décidez d'y voir plus clair en faisant le tour de vos collègues.
Pour faire plus simple, admettons le fait qu'il n'y ai que deux collègues. Vous questionnez le premier en utilisant une technique dont nous parlerons dans le prochain chapitre qui est la technique de l'allusion: « Dis moi Untel, je crois qu'il y

a quelqu'un dans la boite qui se gare comme un sauvage et qui n'en a rien à faire des autres et s'amuse à mettre des coups de portières, tu ne sais pas comment on pourrait régler cet affaire ? ».

Selon que vous aurez à faire à la bonne ou à la mauvaise personne, l'attitude de l'une ou l'autre va être singulièrement différente. Si vous faites face au « donneur de coups de portière en série» vous pourrez vous délecter de tous les signaux qu'il va produire et dont nous avons parlé jusqu'à présent dans ce livre. Par contre si vous avez en face de vous une personne innocente, que va t'-elle faire à votre avis ? Que feriez vous à la place de cette personne ? C'est tout le contraire de la personne qui va tout faire pour changer de sujet, vous allez compatir pour la victime, vous allez discuter de ce sujet sans problèmes, vous allez même peut être proposer votre aide. Maintenant mettez vous à la place du « donneur de coups de portière », imaginez vous vraiment avoir fait cela puis ajoutez l'arrivée de la victime qui vous pose la question. Comment allez vous réagir ? Allez vous discuter tranquillement du sujet ? Allez vous vous étaler dessus ? Non, trop risqué , vous risqueriez de vous trahir.

Pour conclure ce point, vous savez à présent qu'une personne qui ment ne va pas s'étaler sur le sujet au contraire de la personne innocente qui n'hésitera pas à l'aborder et voir même vous proposer de vous aider à résoudre le problème. C'est donc un indice important dans la détection des mensonges que d'analyser ce comportement.

L'art de gagner du temps.
Gagner du temps, mais pour quoi faire ? Pour réfléchir au mensonges que le menteur va vous donner ?
«Pourquoi tu me dis ca ?», «Excuse moi, j'ai pas bien entendu ta question», «Tu peux répéter ta question ?», Tu peux être plus précis ?», «je pense qu'on connait tous les deux la réponse», «Tu me demandes ca ? C'est bien ca dont il s'agit ?», «de quoi ?», «euh excuse moi j'étais concentré

sur ce que je faisais».

Hum, c'est curieux, vous n'avez pas déjà entendu ce genre de réponses ?
Si, lorsque vous interrogez quelqu'un, pardon, lorsque vous posez une question à votre interlocuteur et que vous le surprenez, une technique utilisée par les menteurs va être de gagner du temps pour réfléchir au mensonge qu'il va essayer de fabriquer pendant ce laps de temps. C'est aussi un moyen, psychologiquement parlant, d'encaisser la surprise, mais qui dit surprise à encaisser, dit émotion et qui dit émotion dit réaction limbique, et qui dit réaction limbique dit...vous connaissez la suite. Et puis non, après tout, remettons en une couche....dit réactions physiques, spatiales, auto-massages etc etc....Il ne vous reste plus qu'à observer, à prendre des notes et à attendre tranquillement la réponse orale. Ceci dit dans ce point précis vous disposez déjà d'un bon indice qui est donc celui de vouloir gagner du temps.

La généralisation.
La généralisation est une façon pour le menteur, de changer de sujet, d'essayer de trouver une échappatoire.
Par exemple, à la question: «As tu déjà songé à me tromper ?» que penseriez vous d'une réponse tel que: « tu sais bien que ce n'est pas dans mes habitudes de faire ca, j'ai de la morale moi». Ou bien de cette réponse: «les gens qui font cela n'ont pas beaucoup de morale. Je ne comprends pas comment ils peuvent le faire».
Ce type de réponse a trois effets, le premier est de donner l'impression que le menteur est une personne de morale et que ce n'est pas son «truc» de faire ce genre de choses. Deuxième effet, cette notion de moralité peut aussi avoir pour but de vous faire culpabiliser, en effet, comment osez vous douter de l'intégrité de votre conjoint ?
Un comportement analogue à celui-ci est celui de la colère, le ou la conjointe qui se met en colère lorsqu'on lui pose ce genre de question est aussi une façon de changer de sujet et

d'essayer de faire peur à l'autre pour lui faire passer l'envie de reposer à nouveau cette question. C'est un peu la troisième réaction limbique, l'agressivité contrairement cette fois au fait de se figer ou de fuir.

Le troisième effet est d'orienter le sujet discrètement dans une autre direction, le fait de parler de généralités et de tout faire pour en parler, fait que ,justement, on ne parle plus de la question qui était posée.

La combinaison de ces trois effets (changement du sujet, éventuellement culpabilisation et moralité) laisse à penser à la personne qui a posé la question, qu'effectivement il n'y a pas lieu de s'inquiéter. Au contraire, nous avons vu que le changement de sujet était l'action principale que le menteur tentera de mener à bien pour échapper à la pression qui pèse sur lui. Donc, rien que ce fait là doit être pris en compte, alors, combiné avec deux autres éléments....
Vous constaterez le nombre de personnes qui répondent aux questions qui leur sont posées par une généralisation du sujet. Tout simplement impressionnant. On trouve beaucoup de ces cas à la télévision lors d'interviews où les personnes soit ne veulent pas reconnaître qu'elles ont tort, soit qu'elles mentent purement et simplement.
Prenons un exemple qui s'est réellement passé lors de l'interview d'une personnalité à la télévision. Une affaire internationale n'avait pas pu être résolue parce que la France n'avait pas de relations avec le pays en question. Le journaliste lui demande: «pourquoi n'avez vous pas pu résoudre ce problème ? Si je comprend bien la France n'a aucune coopération avec ce pays !»
Qu'a répondu cette personnalité ? As t'-elle répondu par oui ou par non ? As t'-elle reconnu cette faiblesse ? Non ! La réponse fut: «la France est en relation avec plus de 80 pays et notre gouvernement accorde une grande importance à ces relations qui permettent de résoudre ce genre de problèmes».
C'est ce qu'on appelle les pirouettes. Mais si nous analysons

cette réponse par rapport au point que nous traitons actuellement, nous avons: 1, la moralité, la France est en relation avec....grande importance... puis 2, culpabilité ? Mince, c'est vrai j'ai peut être un peu tord de critiquer, et enfin 3, n'y a t'-il pas là une voie pour changer de sujet ?

Je vous laisse expérimenter...

La recherche de l'approbation.
Il peut arriver que votre interlocuteur essaie de rechercher l'approbation, c'est à dire qu'il va essayer de voir s'il a bien réussi à vous faire avaler son mensonge. Parfois uniquement dans ce but , parfois pour se rassurer: « ouf c'est bon, je crois qu'il a gobé mon mensonge, je peux me relaxer ».
Peut être avez vous déjà entendu une personne vous dire ceci: « tu me crois n'est-ce pas ? » après avoir raconté son histoire. Bien souvent cette recherche de l'approbation peut s'accompagner du regard qui va vous regarder en face pour essayer de voir si vous y avez cru. Alors que pendant une bonne partie du mensonge la personne avait plutôt les yeux baissés comme je vous l'ai exposé dans un chapitre précédent. Ne croyez pas donc, pour ouvrir une petite parenthèse sur le regard, que parce qu'elle vous a regardé dans les yeux en vous demandant si vous la croyez qu'elle dit la vérité. Ici elle ne fait que vous poser une question, elle ne raconte plus son mensonge donc, elle peut vous regarder dans les yeux sans problèmes. Nous verrons des techniques de mensonges avancées dans les chapitres suivants en rapport avec les yeux, ainsi que des techniques de contre-attaques, comme par exemple le fait de lui répondre « oui je te crois » afin de la prendre à nouveau par surprise plus tard.
Si une personne vous dit « est-ce que tu me crois ? », alors vous avez probablement en face de vous une personne qui cherche à savoir si vous avez bien cru en son mensonge. Ou alors cette personne manque d'assurance, donc pour cet exemple, mettez cet indice sur votre liste et faites le

rapprochement avec ceux que vous avez déjà collecté.

Pour être honnête avec vous.
Si vous rencontrez une personne qui commence ses phrases par ceci: « pour être honnête avec vous », ou: « pour vous dire la vérité », ou: « pour être franc... » faites attention, car en général, une personne qui commence ses phrases comme cela signifie que ce qu'elle va vous dire ensuite à de fortes chances que ce ne soit pas le reflet de sa pensée si vous voyez ce que je veux dire. Et même tant qu'à faire tout ce qu'elle vous a dit avant. Pour être honnête ? Parce qu'avant vous ne l'étiez pas ?

La défensive.
Une personne qui ment peut se mettre dans un état défensif et émettre certains types de réponses qui, si on peut les repérer aux manque de détails, peuvent très bien vous faire douter. Voici pour ce dernier point abordé dans ce chapitre quelques subtilités qui ne manqueront pas d'ajouter quelques « armes » supplémentaires dans votre arsenal.

Si vous le voulez bien, jouons ensemble à un petit jeu en trois exemplaires.

D'après vous, qui de ces deux individus est le menteur ?

Un homme se présente au comptoir d'un service après vente d'un magasin car l'ordinateur qu'il vient tout juste d'acheter ne fonctionne pas, il veut donc se faire rembourser. Le vendeur, prend la machine, la branche, l'allume et hop, rien, l'ordinateur ne veut pas démarrer. Il ouvre alors l'ordinateur et découvre qu'il manque une pièce: « Mais, il manque le disque dur ! ».

Deux cas vont être évoqués, dans un cas la personne n'est absolument pas au courant, elle est innocente, dans un autre cas elle aura sciemment volé le disque dur. Réponse de l'homme: « Ah c'est pas moi, c'était comme ca quand j'ai acheté la machine ! ».

Alors ? innocent ou coupable ?

Autre réponse de l'homme: « Quoi !? j'ai passé toute la matinée à me demander ce qui pouvait bien se passer et c'est à cause de ca ? Parce qu'il manque le disque dur ? Que de temps perdu ! »

Avez vous trouvé qui de ces deux personnes est celle qui a volé le disque dur ?

Second exemple:

Trois employés travaillent comme dépanneurs pour une entreprise de maintenance informatique à domicile, ils utilisent la voiture de la société prévue à cet effet, et cette voiture est garée juste à coté de la voiture du patron. Seulement cette fois, le patron, en partant du travail à la fin de la journée, constate avec horreur un gros impact sur la portière qui est du coté de la voiture des employés. Furieux, le lendemain il convoque à tour de rôle les trois employés.

Question du patron: « Ma voiture à pris un grand coup de portière hier dans la journée, du coté où vous vous garez avec la voiture de fonction, vous savez d' où ca vient ?? ».

Réponse 1: Ah non, désolé, si j'avais mis un coup de portière dans votre voiture je serais venu vous voir tout de suite pour vous le signaler.

Réponse 2: Ah non, c'est pas à moi qu'il faut demander ca, je fais toujours attention à ce genre de choses.

Réponse 3: Mince, je suis désolé, l' impact est important ?, cela m'est déjà souvent arrivé et c'est pas vraiment agréable.

Alors ? D'après vous, qui est la personne qui a bien mis un

coup de portière dans la voiture du patron ?

Troisième exemple:

Vous avez deux enfants, il fait chaud, et pendant que vous vous êtes absenté pour faire une course l'un deux a honteusement mangé la dernière glace qui restait dans le congélateur et sur laquelle vous louchiez depuis un bon moment ! Réunion de crise immédiate dans le salon avec les enfants !

Votre question: « QUI A MANGE LA DERNIERE GLACE DU FRIGO ??? »

Réponse 1: Quoi ? il ne reste plus de glaces dans le frigo ? Mais j'en voulais une moi !

Réponse 2: C'est pas moi, je suis pas allé dans la cuisine depuis ce matin.

Hum… d'après vous, qui a mangé la dernière glace ?

C'est tout bête, mais c'est le cas typique de réponses que vous pouvez obtenir de personnes qui sont sur la défensive. Il n'est pas du tout question de signaux visuels, de gestes, de regards et de tout ce que vous avez vu dans les précédents chapitres, juste d'une réponse défensive avec laquelle vous pouvez vous faire une bonne idée de qui a bien pu la manger cette glace… Bien sur si vous ajoutez à cela les réactions limbiques, les gestes d'auto-massages, l'orientation du regard, vous pouvez, en additionnant le tout savoir la vérité.

Avec de l'entraînement (encore et toujours) vous pouvez dans des cas aussi simples que ceux-ci savoir quasi instantanément qui a fait quoi, qui ment ou qui dit la vérité. Alors qui a menti dans tous ces exemples ?

Dans le cas de l'ordinateur en panne, il s'agit de la première personne. Cela peut dans certain cas ne pas être évident du tout. Peut être l'est-ce pour certaines personnes, peut être est-ce plus difficile pour d'autre de faire la nuance, si en plus vous ajoutez à cela des émotions fortes liées à un contexte plus ou moins difficile.

Essayons de décortiquer l'action au ralenti...(ah la technologie...)

La personne se met sur la défensive et généralement les premiers mots qui ressortent sont: «ce n'est pas moi», «c'est pas à moi qu'il faut demander ça», «c'était comme ça quand je l'ai trouvé» etc etc... C'est comme si la personne cherchait en premier à se justifier, à essayer de vous faire croire que ce n'est pas elle pour que vous la croyez tout de suite pour passer le plus rapidement possible à autre chose (cela ressemble à un changement de sujet encore une fois). Autre observation que l'on peut noter dans cette réponse est un peu le coté « manque d'émotions », « impersonnel », au contraire de la réponse de l'autre personne qui se soucie plus du temps qu'elle a passé à galérer que de ce soucier de ce que le vendeur pourrait penser de sa réponse. Et puis on peut ajouter les analyses dont nous avons parlé précédemment, la personne qui est innocente n'aura aucun mal à parler et développer sur le sujet fâcheux comme dans l'exemple suivant avec la voiture du patron et de ses employés. On peut noter aussi dans les autres réponses la présence d' émotions de la personne innocente.

Alors, qui a abîmé la portière de la voiture de son patron ?

Vous l'aurez deviné c'est le deuxième employé, si vous analysez les réponses en prenant en compte les éléments dont nous venons de parler, vous n'aurez pas de difficultés. La réponse du menteur comporte également une généralisation des choses dont nous venons de parler dans ce chapitre. Vous n'aurez donc à présent aucun mal à déterminer qui aura mangé votre dernière glace la prochaine fois que cela vous arrivera. La bonne réponse est donc celle du deuxième enfant. Mise sur la défensive, tentative de justification au contraire du premier dont le seul soucis est qu'il ne reste plus de glace car il avait très envie d'en manger une (vous avez noté l émotion présente).

Je suis persuadé que vous avez déjà répondu de cette manière lorsque vous avez fait des bêtises…..

Ce chapitre se terminant, vous possédez à présent de redoutables outils qui vous permettront de faire éclater la vérité ou dans une moindre mesure récolter un maximum d'indices. Elles peuvent vous servir même lorsque vous ne voyez pas physiquement votre interlocuteur. Cependant n'émettez pas de conclusions trop hâtives, vous avez suffisamment d'indices pour la confrontation réelle qui sera à présent plus facile.

Mais stop ! Arrêtons de discuter, vous allez à présent entrer dans le monde impitoyable de la manipulation , de la stratégie et des tactiques pour passer maitre dans l'art de contre-attaquer les menteurs, car ce monde là c'est vous qui allez le diriger !

Bienvenue dans le...

Chapitre 6

TACTIQUES, STRATEGIES ET CONTRE-ATTAQUES

Vous êtes dans une situation difficile et vous avez la ferme intention d'en découdre afin de faire éclater la vérité au grand jour et d'en finir une fois pour toute avec ces questions qui vous rongent depuis un bon moment.

Ok ! message bien reçu, mais avant, pour mettre toutes les chances de votre coté, je vais vous apprendre à devenir un(e) expert(e) dans l'art de construire des pièges psychologiques qui enfermeront vos interlocuteurs dans une douce cage invisible de laquelle il ne pourront plus s'extirper une fois qu'ils s'en rendront compte.

Et si vous pouviez enfermer votre interlocuteur dans une pièce sans fenêtres, attaché à une chaise avec comme seul et unique éclairage une puissante lampe dans la figure afin que vous puissiez lui poser toutes les questions que vous désirez ? Eh bien si cette idée pourrait traverser l'esprit de certains d'entre vous cela n'est pas possible ! Si si, je vous l'assure..

Par contre il est possible, psychologiquement, de reproduire dans l'esprit de votre interlocuteur une situation similaire, et le tout sans qu'il en soit conscient !

Nous étudierons cela un peu plus tard dans ce chapitre avec un exemple concret.

Voilà l'enjeu de ce début de chapitre, qui fera de vous une personne efficace dans la détection des mensonges, l'art de préparer le terrain, de tendre sa toile. Car vous le savez, l'effet de surprise est le moyen le plus efficace de provoquer des réactions limbiques.

Deux choses se dégagent de ce dont nous venons de parler, la première est de préparer le terrain pour surprendre un maximum votre interlocuteur. La deuxième, qui n'est pas forcément nécessaire, et de tendre ce piège invisible, qui n'a pas pour objectif de surprendre, mais de dissuader psychologiquement votre interlocuteur de vous mentir, qu'il est tombé dans un piège et que toute tentative de s'échapper (de vous mentir) ne fera que dévoiler plus encore sa culpabilité le forçant ainsi à avouer sous cette pression.

L'art de préparer le terrain.
Préparer le terrain, c'est mettre tous les atouts de son coté pour pour provoquer chez votre interlocuteur le plus de réactions limbiques possibles.
La première chose à faire pour bien préparer le terrain c'est de ne rien changer à ses habitudes. Pour peu que votre interlocuteur soit un brin paranoïaque, le moindre changement dans vos habitudes pourrait attirer son attention.
Certaines personnes ne voient rien de ce qui se passe autour d'elles alors que d'autres sont très observatrices. Elles noteront un changement de comportement, elles seront sensibles aux variations. Si par exemple vous n'avez pas pour habitude de parler de certains sujets et que tout d'un coup vous vous mettez à en parler, vous pourriez éveiller des soupçons. Nous le verrons plus tard sur le thème de l'attaque par allusions.
Ne changez rien, faites ce que vous faites d'habitude et de la même manière.
N'allez pas non plus annoncer à votre interlocuteur de bon matin avant de partir au travail: « il faut qu'on parle de quelque chose» ou « ce soir il faudra qu'on discute ». C'est votre terrain que vous préparez, pas le sien ! Allez vous mettre devant un taureau habillé tout en rouge et gigotez comme une furie vous obtiendrez à quelques détails près le même résultat...
Le temps est votre meilleur allié, toute précipitation pourrait, également, être interprété comme un changement d'habitude. Donc de préférence, n'essayez pas d'accélérer les choses, essayez plutôt d'utiliser un événement proche dans lequel vous pourrez vous confondre.
Un terrain sympathique, agréable est un terrain où l'on aime être, où il fait bon vivre et c'est justement cet état d'esprit dans lequel doit être votre interlocuteur pour que vous soyez

en mesure de le surprendre à froid. Vous devez donc, et ce sera le deuxième point, créer un environnement favorable au développement de cet état d'esprit. Votre interlocuteur doit se sentir en confiance, serein, et non pas se sentir en danger.

Pour établir ce climat de confiance, vous devez vous même vous trouver dans cet état. Je sais, cela peut être difficile à faire si vous comptez régler un sujet délicat mais certains gestes et postures qui vont suivre vont peut être vous donner un coup de pouce.

Essayez de ne pas vous trouver sur la défensive, adoptez une posture dite ouverte, c'est à dire tout le contraire des positions dont nous avons parlé ensemble dans le chapitre des postures et comportements. Ne vous tenez pas à distance les bras croisés, approchez vous, occupez de l'espace géographiquement, n'interposez pas d'objets entre vous, donnez ainsi l'impression que tout va bien et que vous êtes content(e) d'être en présence de votre interlocuteur.

Vous pouvez utiliser un technique qui consiste à imiter les postures de l'autre. N'avez vous jamais remarqué que, lorsque vous êtes bien avec quelqu'un, vous adoptez sans vous en rendre compte les mêmes postures que lui ou elle ? Quand cela se passe comme cela c'est que vous êtes bien avec cette personne. Eh bien, utilisez cette technique pour mettre en confiance votre interlocuteur, prenez de temps en temps la même position, la même posture, que lui. Vous lui transmettrez ainsi sans qu'il s'en rende compte une sensation de bien être, qu'il se sent bien en votre compagnie.

C'est pour lui faire baisser la garde, n'oublions tout de même pas qu'il s'agit d'une stratégie de manipulation, pas la préparation d'un diner aux chandelles !

Récapitulons, pour être efficace dans l'art de détecter les mensonges, il faut surprendre votre interlocuteur et pour obtenir cet effet de surprise il faut bien préparer le terrain. Cela va vous servir pour toutes les attaques dont nous allons parler dans quelques lignes, que cela soit pour une situation simple comme pour une situation difficile. Les situations difficiles peuvent nécessiter l'emploi de la stratégie du piège psychologique dont nous avons parlé (et dont nous parlerons dans ce chapitre) mais une bonne préparation du terrain est la base de bonnes fondations ! Il faut donc que: vous ne changiez pas vos habitudes, que vous établissiez une atmosphère détendue, et cela commence par le fait que vous le soyez vous même, pour faire baisser la garde de votre interlocuteur.

Introduisons à présent, cher lecteur, cher lectrice, une notion, je dirais même un outil qui vous sera d'une grande utilité lors de votre offensive, car, dans ce chapitre, vous quittez le mode passif d'observation à celui d'attaquant (et observateur).
Cet outil est lié au temps (encore votre allié) et l'on peut le décrire comme l'art de donner des coups de pression à votre interlocuteur pendant un bref instant. Son nom: le silence !
Plus qu'un outil c'est une arme redoutable dont vous allez vous servir à plusieurs reprises dans vos échanges avec l'autre. Le silence est l'une des paroles les plus puissante qui existe...
En effet, le silence est tout ce que déteste une personne qui raconte des mensonges. Il produit une sensation de malaise, d'étouffement qui ne manquera pas de provoquer à nouveau des réactions. Nous allons pas creuser d'avantage le sujet puisque nous allons l'utiliser dans la première attaque de ce chapitre qui est:

L'attaque directe.
Vous vous en doutez certainement cette technique de l'attaque directe consiste à envoyer à la figure de votre interlocuteur le sujet de conversation qui fâche. C'est une technique qui possède ses avantages, mais qui possède également des inconvénients non négligeables.
En effet deux cas se distinguent immédiatement dans le cadre d'une offensive directe. Premier cas, votre

interlocuteur est innocent, vous l'avez donc accusé à tort. Tout dépend de la relation que vous avez avec cette personne mais cela risque de jeter un froid entre vous, d'avoir pensé qu'elle aurait pu faire, ou être l'auteur de, choses dont vous l'avez accusé. Premier inconvénient donc et pas des moindres, il vaut mieux que vous ayez à son égard de forts soupçons avant d'employer une attaque directe.

Deuxième cas, la personne est bien coupable. L'avantage de cette technique directe est que si vous avez bien préparé le terrain vous pourrez observer bon nombre de réactions limbiques et de comportements , gestes, paroles post-limbique. C'est un bon point, cependant l'inconvénient directe c'est que la personne va se mettre dans un état défensif voir agressif dans sa défense si je puis dire ainsi. Ceci dit, vous avez vu dans le chapitre précédent des techniques qui vous permettront de tirer les bonnes conclusions (les différents types de réponses, le changement de sujet etc etc...). La défensive, comme l'agressivité sont de toute façon le signe que la personne est impliquée dans le sujet que vous abordez avec elle et se sent même en danger.

Ce dont je voulais parler pour décrire l'inconvénient directe de cette attaque c'est que la personne sera désormais sur la défensive, et pas seulement maintenant, mais, tout le temps. Même la prochaine fois que vous lui poserez une autre question. Ce qui risque même de se passer c'est qu'elle va penser à préparer les réponses qu'elle va vous donner pour que vous la laissiez tranquille. Ce qui n'est pas si grave que ca puisque nous allons voir dans quelques lignes comment démonter des réponses toutes faites.

Prenons un petit exemple tout simple, vous attendez le retour de votre fille que vous soupçonnez d'avoir commencé à fumer. Préparation du terrain: vous ne changez pas vos habitudes, vous attendez qu'elle rentre de l'école, vous l'accueillez, comme vous faites d'habitude. Vous prenez une attitude décontractée comme sous votre meilleur jour. Si par exemple tous les jours vous l'accueillez sur le pas de la porte en la serrant dans vos bras et en lui disant « alors ca s'est bien passé ta journée ?», vous pouvez à la place lui glisser calmement dans le creux de l'oreille: « alors, comme ca tu fumes ? » puis vous la regardez ensuite tranquillement dans les yeux en laissant planer le silence. Bien entendu, c'est au moment où vous posez votre question que vous devez mettre en pratique toutes les techniques de détection que vous avez vu dans les chapitres précédents. Dans celui-ci nous nous concentrons plus sur l'attaque en elle même, mais il ne faut pas oublier la détection !

Cette technique marchera très bien la première fois, mais votre fille va à présent développer une certaine méfiance et va se demander quand est-ce que vous allez lui tendre un nouveau piège dans le genre. Cela peut avoir deux effets, celui de la dissuader de vous mentir ou bien d'essayer de mieux camoufler ses prochains mensonges. Vous pouvez sans problèmes adapter cette technique à tous les cas de figures, mais pensez bien aux inconvénients.

Et si maintenant votre interlocuteur a préparé ses réponses ? S'il a eu un soupçon sur vos intentions, ou il sait que vous doutez de lui, surtout depuis qu'il sort régulièrement le soir avec des « potes » alors qu'avant il ne le faisait pas. Il pense que cela a forcément attiré votre curiosité et attend votre question.

Eh bien, entrons dans le vif du sujet, vous allez apprendre à désosser des phrases préparées et mémorisées plus rapidement que la douane démontant une voiture à la recherche de drogue. Vous pourrez même les retourner contre votre interlocuteur.

C'est un jeu très amusant (tout dépend de la situation bien sur) que l'on peut pratiquer en restant tranquillement assis dans son fauteuil.

Le premier point à prendre en compte c'est l'orientation du regard. Étant donné que la réponse a été mémorisée il y a de fortes chances pour que l'orientation du regard soit faussée. Donc, vous pouvez noter les orientations mais ne pas les prendre pour la vérité absolue.

Deuxième phase, préparer le terrain, vous connaissez à présent la tactique, si sa position favorite est d'être confortablement assise (pour reprendre l'exemple précédent) dans le fauteuil du salon, alors attendez le moment où elle est la plus détendue, peut être est-ce en sirotant sa boisson favorite, ou en prenant son goûter. Posez alors votre question, la même que la dernière fois.

Si vous avez bien préparé le terrain vous pourrez tout de même détecter des signes, car vous l'aurez surprise et il y aura donc des réactions.

Cette fois-ci elle répond: « Quoi ? Qu'est-ce que tu racontes, je fume pas, d'ailleurs t'as qu'à demander à mes copines, et puis de toute façon c'est mauvais pour la santé ».

Outre le fait que l'on pourrait détecter dans la réponse une petite tentative de gagner du temps (« quoi ? ») pour encaisser la surprise et éventuellement se remettre en tête la réponse inventée, puis d'une généralisation (« c'est mauvais pour la santé »), voilà, c'est tout, vous avez à présent une belle phrase toute fabriquée sortie du four. Il ne vous reste plus qu'à jouer.

Pour commencer laissez la finir sa phrase et ne dites rien, laisser planer un grand silence pendant quelques secondes et observez pendant ce temps si d'autres réactions apparaissent.

Ensuite, lancez: « vraiment ? ». Observez à nouveau l'apparition de nouvelles réactions, en laissant encore une fois planer ce pesant silence pendant quelques secondes. Je pense que vous aurez observé pas mal de signes de mensonges et tout ca en n'ayant prononcé qu'un seul mot ! Mais ce n'est pas fini. C'est même le moment où cela va devenir le plus amusant. En effet ! Plus le menteur préparera une réponse longue plus il va vous donner d'éléments pour les retourner contre lui, il ne vous reste plus qu'a prendre chaque éléments de la réponse et de les lui retourner. Dans cet exemple: « tu ne fumes pas alors ? » suivi d'un petit silence, puis: « donc, je peux aller voir tes copines et leur demander ? », et « à laquelle je peux demander ? » en énumérant les prénoms de ses copines si vous les connaissez. Puis enchainez, « tu penses vraiment que c'est mauvais pour la santé de fumer ? ». Si elle ne fume pas elle entrera volontiers dans la conversation alors que si elle est sous pression parce que vous êtes sur le point de découvrir la vérité elle essaiera de changer de sujet. S'il est facile d'inventer une phrase tout faite et de la mémoriser il deviendra impossible de prévoir toutes les directions que pourront prendre la conversation et d'en inventer les réponses. Inversez les rôles et imaginez vous en train d'être questionné de la même façon, avec les phases de silence pesantes et les multiples questions reprenant les éléments du mensonge que vous avez fabriqué ! Imaginez vous vraiment à la place de votre fille et votre mère vous pose à présent la question: « pourtant l'autre jour quand j'ai mis tes vêtements à la machine ca sentait la cigarette, qu'est-ce que tu as à dire à cela ? ». Vous êtes capable d'inventer une réponse détaillées sur le champ ?(et qui plus est à niveau de profondeur comme nous l'avons abordé au chapitre précédent).

Attention, je rappelle quand même que le but est, à chaque questions que vous posez, de détecter des signes de mensonges, et non pas de faire avouer votre fille, ne l'oubliez pas. La pression psychologique c'est un peu plus tard dans ce chapitre...

Puisque suite à cela votre fille va tout faire pour essayer de changer de sujet, étudions à présent la technique qui va vous permettre de contre-attaquer efficacement cette tentative.
Pour contrer un changement de sujet, il existe deux manières, une radicale, et une sournoise. Bon c'est tout ce que j'ai en stock... La manière radicale est, au moment où votre interlocuteur change de sujet, de le lui signifier sur le champ. Vous pouvez lui dire: « ne change pas de sujet et réponds donc à ma question. ». Cela a pour effet de rajouter une pression supplémentaire, car le changement de sujet est vraiment la solution que le menteur va absolument

rechercher pour se sortir de là. Et comme il ne peut donc pas s'échapper...la pression va augmenter et qui dit pression dit émotion de type stress, puis cerveau limbique, puis...vous connaissez la suite.

La façon sournoise de procéder c'est de laisser votre interlocuteur changer de sujet. Laissez le parler du nouveau thème de discussion pendant un petit moment, mais, observez bien. Observez bien son comportement. Depuis qu'il a changé de sujet est-il plus détendu ? Vous pouvez le voir dans un changement de posture, de position, s'est-il effondré dans le canapé comme pour prendre ses aises, avait-il les bras croisés qui sont à présent tranquillement derrière la tête ? Toute posture qui passe du mode fermé au mode ouvert en fait. S'il est effectivement détendu, et il y a de fortes chances que cela le soit, c'est que la pression a bien disparue (sinon vous seriez probablement encore en train de parler du précédent sujet). Et si la pression a disparue, c'est qu'il y avait bien une pression avant, donc un stress et donc un mensonge ou tentative de dissimulation.

Mais là n'est pas le plus drôle de la technique sournoise car maintenant que votre interlocuteur est détendu, vous allez à nouveau remettre le sujet sur la table (ou dans la figure au choix), et là, vous allez créer une double pression pour le prix d'une.

Car non seulement vous allez le surprendre à nouveau, mais en plus il ne va pas du tout apprécier de devoir faire face à nouveau au sujet qui fâche. Il va y avoir à nouveau des réactions, je vous le dis !

Les changements émotionnels comme celui-ci, passer d'un état de stress à la détente pour repasser ensuite dans le mode stress sont difficiles à gérer et peuvent même faire avouer la vérité à votre interlocuteur. Mais là n'était pas le but de cette technique je le rappelle à nouveau.

Puisque nous sommes dans la phase « mise sous pression », examinons si vous le voulez bien la technique suivante qui va vous permettre d'accentuer cette pression.

Pour bien réussir cette technique il faut que vous soyez un minimum entrainé à la détection des mensonges, il faut que certaines techniques soient devenues des réflexes car le but va être de mettre une pression continue sur votre interlocuteur. Il faut l'étouffer, ne pas lui laisser le temps de réagir, de réfléchir afin de lui faire commettre le plus d'erreurs possibles et donc de vous révéler un maximum de signaux de mensonges.

Pour cela vous allez lui faire prendre conscience que vous êtes capable de détecter les mensonges et ainsi rajouter de la pression. Prenons un exemple simple et précis pour que vous puissiez bien saisir tous les points clés. N'oubliez pas la préparation du terrain bien entendu.

Examinons à nouveau le cas de votre fille qui s'est mise à fumer, vous avez bien préparé le terrain, elle est en train de boire sa boisson favorite dans le fauteuil du salon tout en regardant la télévision.

C'est un exemple mais vous pouvez à loisir l'adapter à votre situation personnelle. Vous débarquez dans le salon avec une chaise à la main, vous vous interposez entre votre fille et la télévision en posant votre chaise juste devant elle et vous vous asseyez.

Petite technique supplémentaire, il est mieux de tourner la chaise dans l'autre sens, pas dans la position normale donc, de manière à ce que vous puissiez vous accouder sur le dossier qui est maintenant devant vous. S'asseoir comme cela provoque un effet dissuasif à votre interlocuteur qui a le sentiment que vous êtes protégé par un bouclier et que vous ne pouvez pas être touché.

Lancez lui à présent: « alors, tu t'es mise à fumer ? »

Votre fille: « Quoi ? Qu'est-ce que tu racontes ? »

Vous: « Ne me dis pas quoi, tu as très bien compris, n'essaie pas de gagner du temps pour réfléchir au mensonge que tu

va me sortir ! »
Elle: »mais non ! Je ne fume pas ! » dit elle en se massant le lobe de l'oreille.
Attaquez à ce moment là: « Tiens ! Là, tu viens de te masser le lobe de l'oreille, les gens qui mentent font toujours ca». Vous pouvez pointer du doigt son lobe pour ajouter toujours plus de pression.
Elle: « mais puisque je te dis que je fume pas ! » dit-elle cette fois en orientant son corps sur le coté et en se tenant les bras.
Vous: « pourtant ton corps et ton visage sont en train de me dire le contraire maintenant, tu n'oses pas me regarder dans les yeux, , tu te masses les bras, ce sont des signes de mensonges ca et encore je te dis pas tout ». Enchainez par:
Vous: « bon, j'en sais assez, c'est bien ce que je pensais, je vais réfléchir à ta punition ». Puis vous sortez du salon. Si votre fille ne dit pas un mot lorsque vous quittez la pièce vous avez la confirmation finale qu'elle fume effectivement, sinon elle serait en train de vous suivre et de faire le maximum pour vous convaincre qu'elle est innocente.
Cette technique a pour principal but de provoquer chez votre interlocuteur toujours plus de signaux de mensonges, à cause de cette pression continue, mais elle peut aussi très bien le faire craquer et lui faire avouer la vérité.
Encore une fois, une bonne préparation du terrain est comme faire construire de solides fondations à un édifice, c'est la clé pour créer un maximum de réactions.

Nous allons à présent entrer dans le monde passionnant de l'attaque furtive. Ou l'art de détecter les mensonges sans que votre interlocuteur en prenne conscience.
Pour cela nous allons utiliser l'attaque dite de l'allusion. Il existe plusieurs manières de faire des allusions, et c'est précisément de cela dont nous allons parler.

L'allusion généralisée.
Nous allons prendre comme sujet de travail le scénario

suivant: vous soupçonnez votre conjoint d'avoir une aventure. Comme pour les autres points que nous avons abordé jusqu'à maintenant, je vous rappelle qu'une bonne préparation du terrain est primordiale.

L'allusion généralisée est une sorte de test du terrain que vous allez faire, vous allez lancer votre hameçon dans le ruisseau pour voir si ca mord. C'est la méthode la plus discrète pour recueillir des renseignements.

Par exemple vous pourriez interpeller votre petit ami au détour d'un diner habituel en lui faisant part de quelque chose que vous avez lu ou vu à la télévision récemment.

Vous: «dis donc, ce midi en regardant les informations », ou «ce matin sur internet j'ai vu un article intéressant qui parlait des relations de couples, il y avait des sondages dont l'un d'eux demandait aux lecteurs s'ils avaient déjà trompé leur conjoints. Et tu sais quoi ? 50% d'entre eux l'ont déjà fait ! Tu te rends comptes ? ». Vous avez bien compris que pendant toute la durée de vos paroles vous êtes en phase d'observation, à l'affût des réactions, surtout pendant les résultats du sondage ! Vous pouvez rajouter un bon coup de pression en ne disant plus rien pendant quelques secondes puis en ajoutant: « T'en penses quoi de ca ? ».

Si votre conjoint a effectivement une aventure, plus vous serez long sur le sujet plus vous allez lui mettre la pression, et pire encore si vous lui demandez son avis sur ce sujet qu'il aimerait bien éviter. Car, même s'il vous ne lui donnez pas l'impression d'avoir des soupçons, il va inévitablement reporter ce sujet sur lui. A vous d'adapter cette allusion à votre situation, notamment dans la préparation du terrain. Si votre conjoint sait que vous regardez souvent la télévision, les articles de journaux ou internet pour vous informer de toutes choses alors il ne verra pas de coïncidences entre ce secret qu'il veut cacher et le sujet que vous lui amenez sur la table.

Dans ce scénario, vous pourriez ajouter encore plus de pression en commençant par: « l'autre soir, quand es rentré tard...j'ai lu sur internet un article..... ». C'est une double allusion surtout si c'est ce soir précis ou vous pensez qu'il était en compagnie de quelqu'un d'autre.

Gardons ce scénario mais utilisons un autre type d'allusion. Il s'agit du même procédé mais en rapprochant psychologiquement et géographiquement la source de l'information qui a fait que votre conjoint est maintenant sous le coup de votre allusion. Un exemple va clarifier les choses:
Vous: « Au fait, j'ai appris un truc horrible ce matin, j'ai reçu un coup de téléphone de X (une connaissance commune par exemple) et elle m'a dit qu'elle avait découvert que son copain la trompait !! Tu te rends compte ? ». Comme dans le cas précédent vous êtes déjà en mode « détection » depuis le début. Procédez de même en laissant planer un grand silence (qui est un grand moment de solitude pour votre conjoint) puis lancez la même phrase: « Tu en penses quoi ? ». Allez, vous pouvez même ajouter: « c'est vraiment dégoutant ! Si j'étais à sa place je lui aurais mis un coup de pied au derrière et direction la sortie... ».

Vous avez compris le principe de l'allusion. Mais avant de passer à une autre attaque pour passer ensuite au summum de l'attaque guerrière qui terminera ce chapitre, étudions à présent la troisième allusion que je nomme avec plaisir, l'attaque fatale ou l'attaque cardiaque puisqu'elle va mettre un coup de pression si fort et si soudain que vous ne pourrez passer à coté des réactions limbiques qui vont en découler. Et le tout en ne restant qu'une allusion.

Pour cela je vais vous demander un petit effort, celui d'imaginer, que vous avez une aventure avec une autre femme (ou un autre homme je vous laisse vous adapter et peu importe pourquoi, les raisons, ce n'est pas le sujet) mais vous trompez votre femme. Le fait de se mettre à la place du menteur est important pour bien comprendre et bien ressentir surtout les effets...Libre à vous si le scénario vous gêne d'en trouver un autre bien entendu.

Vous rentrez tard le soir de votre escapade, rien à signaler. Le lendemain vous rentrez à nouveau tard le soir, puis rien, pas de soupçons, pas de questions. Puis, le lendemain matin au petit déjeuner, toujours rien à signaler. Vient alors le moment où vous mangez votre tartine et là, toujours rien à signaler.

A la dernière gorgée de votre délicieux café que vous savourez, au moment précis où la dernière goutte glisse doucement le long de votre palais, votre femme (la véritable donc) vous balance « Oh la la, cette nuit j'ai fais un cauchemar j'ai rêvé que tu avais couché avec une autre femme... ».

C'est une allusion plutôt directe mais cela reste quand même une allusion puisque vous n'êtes sensée avoir fait qu'un cauchemar. Cependant, vous allez assister à un festival de réactions limbiques à défaut de voir des gouttes de sueur perler sur son front. Surtout si derrière vous en remettez une couche avec d'une part l'arrivée sur scène du silence, puis d'autre part une phrase du troisième type du genre: « bon sang qu'est-ce que était réel, c'est la première fois que je fais un rêve de ce genre. »

L'attaque par allusion est une bonne façon d'obtenir des renseignements d'une manière discrète et possède plus d'avantages que l'attaque directe dont nous avons parlé au début. En parlant d'attaque directe, il existe une nuance que vous pouvez utiliser conjointement avec celle-ci et qui est le fait de délocaliser la source de l'information pour la transposer sur une autre personne. La personne que vous attaquerez directement pensera que ce n'est pas de votre faute, que ce n'est pas vous la source qui fait qu'elle subit à présent votre interrogatoire.

Exemple tout simple, pour cela reprenons le scénario de la cigarette, vous pourriez dire à votre fille: « je viens

d'apprendre une nouvelle qui ne me plait pas du tout ! »,
laissez un moment de silence comme d'habitude et attendez,
si ce n'est pas le cas, que votre fille vous regarde à nouveau
dans les yeux, puis lancez: « tu sais, Madame X, notre
voisine du dessus, elle m'a dit qu'elle t'avait vu fumer !! ».
Vous avez saisi le truc, en reportant ainsi la source sur
quelqu'un d'autre vous allégez votre implication. C'est une
variante, mais celle-ci peut donner à votre interlocuteur une
impression d'impuissance. En effet, comme vous faites
intervenir une personne extérieure à votre « vie » il va être
difficile de savoir si ce que vous racontez est vrai, d'une
part, et d'autre part, cela pourra avoir un effet dissuasif
puisque à quoi ca sert de vous débiter les mensonges puisque
vous n'êtes pas la personne qui l'a prise la main dans le sac.

Vous terminer ce chapitre, nous allons étudier une méthode,
plus qu'une technique, qui ne conviendra pas forcément à
tout le monde puisqu'elle est très offensive. Certain d'entre
vous y trouveront la méthode adéquate pour les aider à
résoudre une situation difficile tandis que d'autres lui
préféreront les attaques par allusions dont nous venons juste
de parler. Cela dépend de votre personnalité et de la façon
dont vous traitez les choses en général. En fonction de la
situation et de la charge émotionnelle qu'elle peut contenir,
cela ne sera peut être pas si évident.
Nous parlions tout à l'heure de votre interlocuteur que vous
aimeriez enfermer dans une pièce obscure, attaché à une
chaise et avec comme seul éclairage un puissant spot
lumineux pointé sur son visage. Non, ce n'est toujours pas
possible de le faire...
Par contre, vous pouvez créer dans l'esprit de votre
interlocuteur la très désagréable sensation de se retrouver
coincé dans un interrogatoire, comme attaché à une chaise,
dans l'impossibilité de s'échapper et dont l'unique issue sera
d'avouer la vérité. Lorsqu'il se rendra compte qu'il est
effectivement tombé dans un piège il sera évidemment trop
tard (en fait il ne s'apercevra pas qu'il s'agit d'un piège).

Nous allons à nouveau prendre comme scénario le conjoint infidèle ou la conjointe, vous saurez l'adapter à la situation.

Comment reproduire psychologiquement la pièce où il sera enfermé ? Comment reproduire le fait d'être attaché à une chaise ? Et la lampe alors ? Je dois en avoir une dans ma poche ? (Là je vous taquine).

Première phase, la préparation du terrain, la pièce sera un petit restaurant, pourquoi petit, pour d'entrée de jeu insuffler inconsciemment à votre interlocuteur une sensation de « compression ». Planifiez l'heure du diner (ou du déjeuner) au moment où il y a le plus de monde possible. Pourquoi ? Êtes vous en train de penser. Pour trois raisons. La première est d'ajouter une pression (toujours inconsciente) supplémentaire, en effet, on se plus comprimé dans un tout petit restaurant avec plein de monde que l'inverse. Deuxième raison, le fait d'être plus ou moins bloqué , par exemple par d'autres clients juste derrière ou juste à coté au point de devoir faire un exercice de gymnastique pour pouvoir sortir de table et troisième point, le monde dissuadera peut être plus votre interlocuteur de faire un scandale publique pour essayer d'échapper à cette pression.

Voilà pour la pièce et pour la chaise, au moment où il sera assis dans ce restaurant avec vous il sera dans la situation d'être attaché à une chaise dans une pièce où il sera difficile de sortir. A part qu'il ne s'en rendra pas compte...

C'est le jour J, vous êtes dans le restaurant , comme prévu dans la première phase, vous avez fait en sorte de réserver une table à l'avance (c'est mieux, pour ne pas que votre interlocuteur prenne l'initiative de choisir) et vous avez pris soin qu'il s'asseye à une place dont il est difficile de sortir. Il ne vous reste plus qu'à terminer la préparation du terrain tel que nous l'avons vu ensemble dans les autres points traités. Restez vous même, faites ce que vous faites d'habitude au restaurant, puis ajoutez les techniques de caméléon dont nous avons parlé pour mettre le plus en confiance possible votre interlocuteur. N'oubliez pas les techniques d'ouvertures non plus.

Laissez du temps passer avant de lancer l'offensive, une bonne partie du repas au moins. L'idéal est qu'il soit allé au moins une fois au toilette. Pourquoi, Je vous soupçonne de penser...Pas pour qu'il ai la vessie soulagée mais pour qu'il ai bien pris conscience de la difficulté de s'extirper de la table. Je peux vous assurer que cela alourdira la pression psychologique le moment venu.

D'ailleurs il est temps de passer à l'attaque non ?

Pour pousser l'impact psychologique encore plus loin, pensez à l'exemple de l'allusion, du cauchemar, annoncé au moment pile où il boit son café, ici vous pouvez attendre qu'il mette à la bouche les aliments et commence à les mâcher pour attaquer. Vous n'êtes pas obligé bien sur de faire cela, mais il existe un timing précis qui permet de faire encore plus de dégâts, et qui est celui de choisir le moment où la personne est occupée à une tache, même aussi automatique que celle de mâcher de la nourriture. Au moment où vous allez lancer l'attaque et où la personne va être sous le coup de la surprise, du stress , le fait d'avoir à finir de mâcher et en plus d'avaler la nourriture va la gêner encore plus (psychologiquement bien sur). C'est une petite pression subtile et supplémentaire. C'est comme si vous attaquiez et mettiez une grosse pression sur votre interlocuteur au moment où il est en train de faire un créneau pour se garer. N'y a t-'il pas quelque chose qui va lui mettre encore plus de pression à votre avis ? Pour le restaurant c'est la même chose, en plus subtil. Comme je l'ai dis, ce n'est pas une obligation et peut être serez vous préoccupée par ce qui va bientôt se passer au point de ne pas y penser.

Votre interlocuteur se trouve à présent attaché à sa chaise mais il ne le sait pas encore.

Vous allez effectuer une attaque directe, vous pouvez utiliser la délocalisation de la source si vous voulez. Par contre vous n'allez pas poser de questions ! Vous allez affirmer. Vous n'allez pas dire: « est-ce que tu me trompes ? ». Bien sur vous allez observer des réactions, mais ici il n'est pas seulement question de recueillir des renseignements mais bien de faire craquer votre interlocuteur. En plus, en posant cette question votre interlocuteur peut penser que vous ne connaissez pas la vérité. Et pour remédier à cela vous n'allez pas poser de questions, vous allez affirmer. Par exemple, vous direz plutôt: « je sais que tu vas essayer de me mentir, mais je sais....je sais tout, tu me trompes ». N'oubliez pas le silence...

Voilà pour la lampe dans la figure... Votre conjoint (et en partant du principe qu'il vous trompe effectivement) va à se moment là subir une pression gigantesque, son cerveau limbique va le court-circuiter et provoquer chez lui des réactions , il va tout à coup réaliser à quel point il est coincé (le coup des toilettes va lui revenir vite fait en mémoire) et va émettre toutes sortes de gestes de défenses, d'auto-massages, va répondre par des phrases à géométrie variable, bref , toutes les réactions dont nous avons parlé.

En plus d'avoir la sensation d'être coincé et de ne pas pouvoir s'échapper vous venez , par votre affirmation, de lui signifier que non seulement ce n'était même pas la peine d'essayer de vous mentir mais qu'en plus vous savez ! Vous ne lui laissez même pas le choix.

N'oubliez pas ! Le premier objectif est d'observer les réactions pour noter les signes de mensonges et le deuxième est d'essayer de le faire craquer sous la pression. Et quelle pression ! Allez, ce n'est pas fini, si après tous les signes de mensonges que vous aurez repéré vous voyez votre interlocuteur s'obstiner, à la guerre comme à la guerre, vous pourrez créer une grosse brèche dans le mur avec une phrase du type: « bon, en fait j'y ai longuement réfléchi, tu sais ce que je ressens pour toi, et je pense que je peux faire avec ».

Ce type de phrase peut être magique, car vous laissez croire à votre proie, pardon, à votre interlocuteur, que ce n'est pas grave, que vous lui pardonnez. Dans sa tête, c'est comme si vous lui laissiez une porte de sortie, une échappatoire qui lui permettra de mettre fin à cette insoutenable pression: « comment ? Elle a bien dit que ce n'était pas grave ? Ouf c'est bien ca je vais pouvoir me débarrasser de cette pression, allez, je lui avoue ». J'ai oublié de dire, revoyons l'action... au ralenti !

Le point commun à cette méthode et tous les éléments qui la compose sont la pression, donc le stress, l'émotion, la réaction limbique, la réaction physique. Si vous tenez compte de ce dénominateur commun à chaque fois, si vous tenez compte du fait de bien préparer le terrain, alors vous serez à même de construire et préparer vos propres méthodes dans le style de celle dont nous venons de voir les effets.

Ce chapitre est terminé, vous avez appris en le lisant des techniques tactiques, stratégiques et offensives. Si observer et obtenir des renseignements discrètement est une bonne chose il se peut que dans certaines situations vous soyez obligés de passer à l'attaque. Maintenant, vous avez des armes supplémentaires dans votre arsenal.

Nous allons attaquer le chapitre suivant qui contient en fait les tout derniers travaux sur lesquels j'ai travaillé ces derniers mois dans mon laboratoire. Ces techniques ont été vérifiées et testées sur tout mon entourage avec succès. Je vous laisse le soin de les découvrir...

Chapitre 7

RECHERCHE, DEVELOPPEMENT et TECHNIQUES AVANCEES

Au programme de ce chapitre, nous parlerons du regard et de son orientation dans un cas très précis. Puis nous étudierons à nouveau son utilisation faite lors de discours avec une technique vous allez le voir, plutôt avancée. Nous allons parler également de ce que j'ai nommé les micro-décalages et terminerons ce chapitre par la technique de la distorsion du temps et de sa contre-attaque.

Vous vous souvenez du chapitre sur les yeux et l'orientation du regard en fonction de si l'on recherche une information dans sa mémoire ou si l'on invente quelque chose. Il y a un facteur dont il convient de tenir compte, c'est le ratio temps /complexité de l'information qu'il faut rechercher dans sa mémoire. Si par exemple vous me tendez un jeu de cartes et que vous me demandez d'en choisir une au hasard, puis de la mémoriser. Par exemple j'ai mémorisé le Valet de pique, vous prenez toutes les cartes du jeu et vous me les montrez une par une en me demandant si c'est celle-ci que j'ai en mémoire. Cela peut être d'ailleurs un bon entrainement pour détecter des réactions (autres que celles du regard), à faire avec vos amis.

Étant donné que je viens juste de mémoriser la carte et que c'est une information qui n'est pas très complexe à mémoriser, je n'aurai pas besoin d'orienter mon regard vers la gauche pour chercher l'information. Je pourrai donc vous regarder fixement et vous mentir. Par contre si vous me posez la question suivante: « C'était quoi ta carte ? » et ce une semaine plus tard, je ne vais peut être plus m'en souvenir ou du moins je ne me rappellerai peut être plus si c'était un pique ou un trèfle , donc je vais certainement orienter mon regard pour faire la recherche.

Donc, ce ratio temps / complexité de l'information est à prendre en compte. En fait, l'orientation du regard est une technique qui doit être absolument conjuguée avec les autres à cause de ses variantes possibles. Comme le fait d'être gaucher ou droitier par exemple. On me demande souvent si certaines personnes qui s'entrainent à mentir peuvent regarder dans les yeux leurs interlocuteurs pendant qu'elles racontent leur mensonges. C'est un exercice difficile à faire, mais cela reste possible. Seulement il n'est possible de le faire que pour des phrases, réponses fabriquées et mémorisées. A la moindre question qui devra faire appel à la mémoire du menteur, l'orientation du regard reprendra à nouveau normalement. Avec de l'entrainement, on peut raccourcir le temps de l'orientation du regard et reprendre un regard fixe et droit mais cela suppose d'exercer une tentative de contrôle consciente de ce réflexe qui sera vite mis à mal par le cerveau limbique qui court-circuitera votre tentative. Réaction limbique que vous savez à présent provoquer !

Parmi les questions que l'on me pose également on me dit aussi que la personne qui ment va rechercher votre approbation, et donc vous regarder dans les yeux. Pendant que la personne est en train de vous mentir, les yeux sont toujours dans une très forte majorité des cas, baissés, le menteur ayant peur qu'au travers de son regard vous lisiez la vérité. Ensuite , une fois que la personne à fini de mentir, il n'y a plus de raison d'avoir peur, donc elle peut regarder à nouveau dans les yeux et même chercher à se rassurer en essayant de voir si vous avez gobé son mensonge. Nous verrons un exemple précis de regard fuyant mais pendant une courte période dans le paragraphe des discours. A travers toutes ces subtilités sur le regard il convient donc de bien faire attention.

Nous allons voir le cas d'une personne qui s'entraine à mentir et qui pourrait utiliser une technique bien précise pour essayer de cacher ou de semer le doute sur le mouvement de ses yeux. Pour essayer de dissimuler le mouvement du regard, certaines personnes peuvent essayer de procéder ainsi: imaginez que je suis en face de vous, je dois faire appel à ma mémoire et mes yeux vont donc s'orienter logiquement vers la gauche. Un fraction de seconde plus tard je m'en rends compte et me dis: « vite ! Je dois cacher ce mouvement, tourne la tête dans la même direction ! ». En faisant cela ma tête tourne donc vers la gauche ce qui remet mes yeux dans l'axe et me permet donc de réfléchir tranquillement. Mon interlocuteur se demandera, puisque je regarde tout droit, si je suis en train de réfléchir et si j'invente ou fais appel à une information mémorisée. Je ne suis tombé qu'une seule fois sur une personne qui a utilisé cette technique et c'était réellement dans l'objectif de dissimuler le plus rapidement possible l'orientation de ses yeux. Cela reste donc plutôt rare mais vous pourriez l'observer un jour.

Les deux notions suivantes dont nous allons parler maintenant sont liées au regard et vous pourrez aisément les retrouver dans les discours, qui ne manquent pas à la télévision. Le seul inconvénient de ce média est le changement fréquent des angles de vues des caméras qui nous font louper la plupart des réactions limbiques. Caméras qui restent trop longtemps sur la personne ayant posé la question plutôt que de passer sur la personne interviewée immédiatement. Ceci dit dans l'exemple qui va suivre il a été plutôt facile de détecter le mensonge.
La règle, que vous connaissez, est qu'une personne détourne son regard du vôtre lorsqu'elle vous ment. De peur que son mensonge ne se trahisse dans ses yeux et que vous le repériez (ou par honte aussi). C'est une réaction classique. La chose à laquelle je voudrais vous sensibiliser à présent c'est que la fuite du regard peut durer dans la conversation. Disons que la personne qui a un peu honte de vous mentir vous regardera beaucoup moins souvent dans les yeux. Bon, ce n'était pas la chose à laquelle je voulais vous sensibiliser. Car il y a un autre cas de figure lié aux personnes qui s'entrainent à mentir et qui n'ont pas le sentiment de

culpabilité précédent. Ces personnes, lorsqu'elles auront quelque chose à vous annoncer, vont tout le temps vous regarder dans les yeux lorsqu'elle vous parleront, puis, au moment où elles devront dire le mensonge, et seulement à ce moment là, elles abaisseront leur regard. Pour ensuite vous regarder à nouveau dans les yeux. Ou dans l'objectif des caméras ! En effet vous observerez tous les discours qui vous tomberont sous les yeux et constaterez par vous même. Récemment, dans une catastrophe écologique importante aux États-Unis, une haute personnalité déclarait, en regardant droit dans les yeux des journalistes et des caméras présentes, que tous les moyens étaient employés pour régler le problème dans les meilleurs délais. Cette autorité à fixé son auditoire pendant tout son discours, SAUF, très précisément pendant l'espace de temps où sont sortis de sa bouche les mots suivants:»non il n'y a pas de fuite de pétrole et s'il y en a une elle n'aura aucune conséquence sur l'environnement». Elle fixa ensuite à nouveau ses interlocuteurs dans les yeux et termina son discours. Si vous le prenez dans son intégralité (sans parler de réactions limbiques ou de réponses types), et pour peu que vous regardiez ailleurs à ce moment là, vous allez penser que cette personne est sincère et que le problème sera rapidement réglé et sans dégâts. Que nenni ! Si je n'ai pas remis en cause le fait que tous les moyens étaient déployés pour régler le problème j'ai immédiatement déduis que lorsqu'elle a baissé son regard les paroles qui sortaient à ce moment là n'étaient pas du tout le reflet de ses pensées (elle mentait pour être clair). Qui plus est en faisant le rapprochement avec les mots qui cachaient la vérité à ce moment là: « il n'y a pas de fuites et s'il y en a une elle n'aura aucun impact sur l'environnement». Quelques jours plus tard la dure réalité des faits venaient confirmer ma détection.

Observez bien lors d'un discours le moment où les yeux fuient comme dans cet exemple et faites le rapprochement avec ses paroles . De quoi a t-il parlé à ce moment là ?

En observant un discours, un jour, je me suis étonné de voir cet homme, soit disant expert dans le domaine dont précisément il parlait, consulter sans arrêt ses fiches ou ses notes. Un véritable expert n'a pas besoin de notes, il est capable de parler, d'argumenter sur le sujet qu'il maitrise, non ? Cela m'a donné une idée, et je me suis soudain demandé si je n'étais pas passé à coté d'un bon pourcentage de mensonges dans la foulée.
En effet, pourquoi ne serait il pas possible d'utiliser une feuille de papier pour dissimuler son mensonge ? Non pas pour se la mettre devant la figure pendant son discours, mais imaginez le scénario suivant. Monsieur X, fait son discours, regarde ses interlocuteurs dans les yeux, argumente autant avec ses mots qu'avec ses gestes. Puis, au moment de sortir son mensonge il baisse son regard (comme l'exemple précédent) à part qu'à ce moment on a l'impression qu'il lit ses notes ! Je vous le dis, cette technique est largement utilisée...

Comment détecter qu'il s'agit ou non d'un mensonge ? Faites comme s'il n'y avait pas la feuille de papier et écoutez attentivement les paroles correspondant au regard qui a fuit. Est-ce une réponse importante à une question importante ? Très important: quelle en serait l'importance s'il avait répondu le contraire ? Imaginez le cas de la catastrophe écologique si la personnalité responsable de la communication avait répondu le contraire: « oui il y a une grosse fuite de pétrole et les conséquences sur l'environnement seront importantes ». Comparé aux autres points du discours qui sont tous positifs, ca fait plutôt tache non ?
Vous en aurez ainsi une bien meilleure idée, à mettre en tous cas sur votre liste dans la colonne mensonges !

Technique de la compression et de la distorsion du temps.
Certaines personnes douées dans l'art du mensonge sont capables d'utiliser ce que j'appelle la compression du temps. Comment concrètement est-ce que cela fonctionne ?. En fait c'est très simple, et les résultats sont très efficaces au point qu'il devient très difficile de déceler des mensonges.

La compression du temps est la technique qui consiste à utiliser un événement qui s'est réellement passé et de le « calquer » sur le mensonge.
Prenons un exemple: encore une fois vous avez des doutes sur la fidélité de votre conjointe. Vous lui posez la question: « alors, c'était comment ta soirée ? » et elle vous donne une réponse détaillée, des émotions, des ressentis et avis de personnes présentes à cette soirée comme le dernier exemple de réponses dont nous avons parlé lors des réponses à géométrie variable. Réponse qui de plus, est appuyée par des gestes ouverts, un regard direct, des appels à sa mémoire, bref ,vous n'y voyez là aucun signes de mensonges.
Et pourtant, elle a une aventure. Et pourtant c'est ce soir là qu'elle a retrouvé son amant. Mais que s'est il passé ?
Avez vous perdu votre pouvoir légendaire ? Non. A t-elle menti ? Non plus. C'est l'effet compression du temps. Les menteurs expérimentés vont dans ce cas de figure, diviser leur soirées en deux parties. La première partie de soirée sera effectivement un petit apéritif avec ses amies, dans laquelle la menteuse (dans ce cas) notera et mémorisera des anecdotes, des paroles échangées, tout ce qui « détaille » la scène. En fait ce n'est pas très difficile à mémoriser puisqu'elle l'a vraiment vécu. Elle prendra même le soin d'en garder de coté pour la fois suivante.
Puis, au moment où vous lui poserez la question, vous aurez

droit à une réponse très sincère puisqu'elle vous racontera effectivement la première partie de soirée mais omettra de vous parler de la seconde qui est bien celle de son aventure.
Difficile n'est-ce pas ? La distorsion du temps est une variante de cette technique car la menteuse professionnelle fera alors appel à des « vieux » souvenirs quand elle était prendre un verre le mois dernier avec ses amies mais vous n'étiez pas au courant. Donc, elle peut se servir de ces éléments pour couvrir l'événement réel.
Autre exemple: Vous savez que votre conjoint va diner ce soir mais vous avez des doutes sur la personne qui va l'accompagner, vous pensez que c'est une de ses collègues qui lui court après depuis longtemps. Le menteur expérimenté, pour qu'il soit le plus crédible possible à vos yeux le soir quand il rentrera et que vous lui poserez la question, pourra organiser un déjeuner avec un de ces collègue le midi, et bien s'imprégner de ce déjeuner. Le soir après le diner il vous racontera son déjeuner, qu'il fera avec conviction puisque c'est réellement ce qui s'est passé.

Comment contrer ces deux techniques redoutables ?

La méthode du restaurant et du piège psychologique qui simule la pression d'un interrogatoire dont vous avez vu les effets dans le chapitre précédent. C'est la plus efficace. Les attaques par allusions, en particulier le coup du cauchemar peuvent avoir un effet puissant sur votre interlocuteur. En fait, toutes les techniques qui ne tiennent pas compte de ce que votre interlocuteur vous a raconté. Par contre si vous vous obstinez à creuser son histoire, même avec les techniques adéquates vous n'obtiendrez rien puisqu'elle est réelle. Cela ne vous empêche pas bien sur de commencer à chercher des signes dans son histoire, après tout, vous ne savez pas si elle ment. Si au bout d'un certain temps, vous ne trouvez rien, utilisez une technique qui ne tient pas du tout compte de son histoire.
En effet, en utilisant l'attaque directe par exemple, vous allez

surprendre votre interlocuteur, car il va se dire: »ah zut ! je me suis cassé la tête pour rien, il vient de m'envoyer malgré tout à la figure qu'il pense que je le trompe ! Vite, qu'est-ce que je vais bien pouvoir lui répondre? ».

Vous pouvez très bien également poser la question suivante: « mais après ? En deuxième partie de soirée, tu as fais quoi ? » qui pourrait éventuellement provoquer son petit effet !

Les micro-décalages.

La notion elle même de décalage, se situe au moment où une personne essaie de feindre la colère (par exemple), en essayant de l'appuyer par un geste. Une personne normalement en colère va taper du poing sur la table et exprimer sa colère quasi simultanément. La personne qui va essayer de vous faire croire qu'elle est en colère va d'abord s'exprimer (plus ou moins de manière convaincante) puis va ensuite taper du poing sur la table. Ce qui donc signifie qu'elle n'est pas autant en colère qu'elle voudrait le faire croire.

Ne vous est-il jamais arrivé un jour de croiser ou de voir à la télévision une personne en train de s'exprimer mais vous ne savez pas pourquoi, vous sentez au fond de vous même que quelque chose cloche, que cette personne a beau avoir l'air sincère, de sourire, de s'exprimer avec les mains pour appuyer ses dires, vous n'arrivez pas à croire ce qu'elle raconte. Vous avez l'impression que cette personne est un robot.

C'est ce que j'appelle les micro-décalages. Il s'agit d'un subtil et très léger décalage entre ce que la personne dit et les gestes qui l'accompagnent. Pour bien prendre la mesure de ce fait , essayez de mentir. Mais pas juste un peu, demandez à une personne que vous connaissez de vous observer. Vous aller commencer par lui dire que ce que vous racontez est une histoire vraie. Ensuite, inventez et racontez lui en temps réel votre fausse histoire. Par temps réel je veux dire en directe, inventez au fur à mesure votre histoire. Mais, essayez de soutenir vos fausses paroles par des gestes appuyés, de regarder votre interlocuteur dans les yeux. Si vous n'avez pas d'amis sous la main, faites le devant un miroir, et si vous n'avez pas de miroir, essayer de vous imaginer la scène. Plutôt difficile vous ne trouvez pas ?. Il y a de fortes chances pour que vos gestes ne soient pas vraiment synchronisés avec vos paroles. Les personnes qui s'exercent à mentir vont s'entrainer à effectuer des gestes amples pendant qu'elles parlent (par exemple). Elles pourront y arriver mais seulement dans une certaine mesure, il y aura toujours un petit décalage qui vous donnera une sensation bizarre comme quoi la personne qui est en train de vous parler à comme quelque chose qui cloche. Il est possible de retrouver ce cas de micro-décalage chez les personnes qui cachent leurs émotions (pour une raison x ou y). Elles ne veulent rien laisser transparaitre aux autres et donnent l'impression d'êtres insensibles, de ne ressentir aucune émotions. Alors, pour qu'elles ne donnent pas cette impression, elle vont consciemment fabriquer des gestes et accompagner leur paroles. Là encore, vous ressentirez cette sensation de décalage. C'est parce qu'inconsciemment, vous percevez ce micro-décalage.

Pour contrer ces micro-décalages, vous utiliserez les techniques qui n'ont pas de lien avec la gestuelle comme nous l'avons étudié, en fait les réactions limbiques fonctionnent parfaitement, puisque ces décalages ne concernent que les gestes et les paroles.

Ce chapitre est terminé et nous allons entamer doucement la fin de ce livre avec le dernier chapitre qui si vous le voulez vous donnera une méthode d'entrainement pour devenir encore plus efficace dans votre quête de la détection des mensonges.

Chapitre 8

TECHNIQUES MENTALES D'ENTRAINEMENT

Observer les gens autour de vous pendant des conversations de tous les jours pour vous entrainer à détecter d'éventuels mensonges est une chose facile, vous avez le tout le temps que vous voulez, tout au long de la journée, rien ne presse. Si vous n'arrivez pas encore à bien cerner les réactions limbiques, ce n'est pas grave, vous avez le temps.

Si vous êtes passé à coté d'une expression et que plus tard dans la journée vous vous dites "mince, mais en y repensant il a eu une réaction lorsque je lui ai dit telle ou telle chose", là aussi ce n'est pas grave vous y penserez la prochaine fois, vous avez tout le temps.

Par contre, imaginons que vous commenciez à bien vous débrouiller, vous avez déjà intercepté des signaux de mensonges chez vos interlocuteurs, mais cette fois, lorsque vous avez été en relation avec une personne particulière vous avez été perturbé au point de ne plus penser à chercher des signaux de mensonges. Peut être était-ce une situation difficile d'un point de vue émotionnel, peut être votre interlocuteur était-il votre conjoint, à propos duquel vous avez des soupçons ou même votre patron, votre collègue sur lesquels vous éprouvez quelques ressentiments.

Votre émotion a pris le dessus et a donc perturbé votre lucidité au point de ne plus penser à rechercher des signaux, voir même de ne plus être capable de penser du tout. Puis lorsque la "tempête" est passée vous avez repris vos esprits. Sans aller jusqu'à à parler de situations difficiles, lorsque nous observons par exemple deux personnes discuter, il est très facile de prendre son temps pour les observer. Par contre lorsque nous sommes en face à face avec un interlocuteur le simple fait de le regarder dans les yeux peut parfois vous troubler et vous ne pensez plus à repérer les signaux.. Ces troubles sont liés aux sentiments, donc aux émotions et notre cerveau limbique se met à réagir et vous provoque comme une coupure de courant dans votre cerveau conscient (le néocortex).

Une fois cette coupure de courant terminée, vous reprenez vos esprits.
Grâce aux techniques mentales que j'ai mis au point et qui sont issues de mon expérience de plus de vingt ans dans la pratique de sports de combats, je vais vous donner quelques clés pour développer en vous les points suivants:

Apprendre et assimiler très rapidement les techniques de ce livre, ainsi que toute autre compétence (intellectuelle, sportive, manuelle). Développer une forte capacité de concentration qui va vous permettre de rester concentré sur la détection des mensonges et ne pas vous laisser perturber par des éléments extérieurs. Et enfin, acquérir un niveau de maitrise de soi suffisamment développé pour faire face à des situations difficiles .

Je marque ici une différence bien précise entre assimiler et apprendre les techniques pour détecter les mensonges. Apprendre les choses dépendent en grande partie de vous mais il existe un moyen pour accélérer cet apprentissage.
Le point le plus important sera porté sur l'assimilation, ce que je nomme plutôt la digestion des informations, afin qu'elles se transforment en réflexes. Apprendre une information est une chose, mais la faire devenir un réflexe ou un automatisme en est une autre. C'est ce point que nous allons aborder en premier pour que les informations de ce livre deviennent le plus rapidement possible des réflexes.
Tout d'abord, lorsque je parle de réflexes dans ce chapitre il ne s'agit pas de réflexes limbiques (en fait le terme « réflexe » limbique est inexacte , il serait plus adapté de parler de « réactions » limbiques, qui sont plus rapides encore que les réflexes).
En effet vous aurez beau avoir la plus haute maitrise de vous

même, si en traversant la rue une voiture vous fonce dessus, votre système limbique va court-circuiter tous vos réflexes « acquis » et vous faire réagir à cette situation.

Le système limbique étant lié à la survie de l'être humain il dispose d'un système beaucoup plus rapide que tous les réflexes que vous pourriez modeler dans votre mémoire. Heureusement, d'ailleurs...

Nous allons commencer par l'apprentissage de l'information. N' avez vous pas plus de facilité à apprendre quelque chose lorsque cette chose vous plait ? Lorsque vous étiez à l'école , n'y avait-il pas une matière avec laquelle vous aviez vraiment du mal ? Et donc du mal à mémoriser, à apprendre cette matière ? Comment se fait il alors que vous arriviez à mieux mémoriser certaine choses plutôt que d'autres ?

C'est parce qu'au moment où vous avez mémorisé ces informations vous leur avez associé une émotion.

Vous le savez à présent, le système limbique est le siège des émotions, il s'y trouve également le système qui gère la mémoire et il s'avère même que le processus de mémorisation est un processus émotionnel.
Pas étonnant donc que lorsque vous éprouvez une émotion de plaisir à faire ou apprendre quelque chose vous y arriviez plus facilement ! Vous vous rappelez certainement des très bon souvenirs de vacances, des moments forts de votre vie, c'est parce que pendant ces moments là vous étiez dans un fort état émotionnel et ces instants vécus se sont donc « imprimés » beaucoup plus facilement et surtout plus fortement dans votre mémoire.
Si vous lisez ce livre, et que vous en êtes arrivé là, c'est que vous êtes motivé(e), vous avez envie d'apprendre, c'est aussi une émotion et donc vous apprenez plus rapidement les informations , chose qu'il serait plus difficile à faire si je vous prenais des mains ce livre pour vous mettre à la place

un livre de mathématiques !

Cela marche aussi dans l'autre sens, j'entends par là pour les mauvaises expériences de la vie, quelque chose qui vous a fait du mal , où vous avez alors ressenti une très forte émotion qui vous a marqué pour le reste de votre vie.

Puisque la mémorisation des informations est un processus émotionnel, les spécialistes de la publicité n' ont pas manqué d'utiliser ce savoir pour vous vendre leurs produits. En effet, si vous remarquez bien, une publicité bien faite doit vous placer dans un état, ou susciter en vous une émotion par différents moyens (l' humour par exemple). Une fois que vous êtes en train de rire, vous êtes donc dans un état de gaieté (une émotion donc), c'est à ce moment que le produit en question apparaît. Et hop! Votre cerveau mémorise plus profondément l' information sans que vous vous en rendiez compte.
Un autre exemple de publicité, autre que l'humour, est de montrer à l'écran des choses auxquelles vous êtes sensibles, par exemple des animaux (des bébés animaux de préférence c'est mieux) ou des enfants, en clair les belles choses de la vie. Cela vous place à ce moment là dans une certaine joie, vous donne du plaisir, bref génère à nouveau en vous une bonne émotion, et c'est à ce moment précis que le produit vous est présenté. Vous mémorisez ainsi mieux et de manière plus marquée l'information.

Observez les publicités passées à la télévision et vous verrez...

Puisqu'il en est ainsi, pourquoi ne pas utiliser cette technique pour mieux apprendre les informations de ce livre, ou de tout autre livre d'ailleurs, ou en fait pour apprendre n' importe quoi ?

C'est une technique que j'utilise depuis de nombreuses années pour apprendre , elle est très simple, tellement simple que l'on pourrait se demander si cela marche vraiment.

Mais en fait, connaissant à présent le mécanisme de mémorisation vous n'aurez aucun mal à créer vous même votre propre technique ! Même si vous êtes motivé pour apprendre, en utilisant en plus cette technique vous allez apprendre encore plus rapidement. Quelle est donc cette chose secrète ?

Pour moi c'est la musique... C'est tout bête, mais lorsque j'ai besoin d'apprendre très rapidement quelque chose je mets les écouteurs sur mes oreilles, j'écoute la musique que j'aime le plus, ce qui me place dans une sorte d'état émotionnel fort et je lis...

Vous l'avez compris, étant encore plus motivé, dans un état émotionnel fort, je mémorise plus profondément les informations.

Bien sur, pour accentuer encore plus cet effet de levier, vous pouvez penser à tous les bénéfices, à la joie que vous aurez lorsque vous aurez atteint vos objectifs, mais c'est l'objet de la technique suivante qui est la visualisation et dont le but sera de vous aider à assimiler, à transformer en automatismes les informations. Vous pouvez donc à loisir créer vous même votre propre technique du moment que vous vous placez dans un bon état émotionnel. Cela peut être la détente par exemple, vous êtes étendu sur votre canapé, au calme, peut être mettriez vous une musique douce comme ambiance, vous vous sentez bien...donc vous avez des émotions (encore et toujours) et vous mémoriserez donc plus facilement, plus rapidement et plus durablement les informations que vous voulez apprendre.

Autre exemple, cela peut être une balade en forêt, à la plage, dans un endroit que vous aimez beaucoup, bref, faites quelque chose qui vous plait, qui vous donne des émotions pendant que vous apprenez.

Personnellement , j'aime beaucoup la technique qui consiste à écouter de la musique, avec un casque sur les oreilles de préférence. Pour la musique, prenez celle qui vous fait le plus vibrer, qui vous excite, qui vous donne envie de sauter partout, bref celle qui génère en vous le plus d'émotions...

Et vous c'est quoi votre technique ?

Apprendre est une chose, assimiler l'information en est une autre. Comment faire pour accélérer le processus ? Par la visualisation ! Mais avant d'en parler , je vous propose de décortiquer le réflexe. Comment se construit un réflexe ? Voyons l'action, au ralenti !

Prenons l'exemple de la boxe: pour donner un coup de poing, un direct par exemple, et pour exploiter au maximum la puissance de ce coup l'entraineur de boxe va vous montrer, et surtout, vous faire faire le mouvement tout doucement. Vous allez décortiquer le geste, jusqu'à ce que vous ayez bien compris le mouvement, puis vous allez le répéter et le répéter encore tout doucement jusqu'à ce que vous l'ayez bien assimilé. Vous allez faire le mouvement dans le vide, puis vous allez l'exécuter sur un sac de frappe, bref vous allez encore et toujours répéter ce mouvement. Au bout d'un certain nombre d'heures d'entrainement ce geste va devenir petit à petit un réflexe, vous n'aurez plus besoin de penser à décortiquer doucement le geste pour l'exécuter, vous allez le faire automatiquement. Pendant toutes ces heures d'entrainement, vous allez vous concentrer sur le mouvement, vous allez vous regarder dans le miroir en train d'exécuter ce mouvement et votre cerveau va mémoriser cette action et le faire devenir à l'état de réflexe.

Comment accélérer ce processus ? Je suis sur que vous l'avez déjà fait, et surement même sans vous en rendre compte. Si vous êtes un fou de boxe (vous pouvez l'adapter bien évidemment à votre passion), la séance d'entrainement ne vous suffira pas, et lorsque vous rentrerez chez vous, vous ne pourrez vous empêcher d'y repenser , vous allez vous remémorer cette séance, bref vous allez visualiser dans votre tête toute ces répétitions de gestes. Eh bien croyez le ou non, mais le fait de procéder à ce petit exercice, va enfoncer encore plus profondément le clou, vous allez travailler ce geste dans votre tête, qui est en fait maintenant dans votre cerveau et c'est comme si vous rajoutiez un second entrainement de boxe ! (pas pour la fatigue physique bien sur mais pour la mémorisation du geste en question). Puisque ce geste est dans votre cerveau (vous l'avez appris, mémorisé) alors travaillons notre cerveau (pour l'assimiler).

Croyez moi j'ai utilisé la visualisation pendant des années (et même bien avant inconsciemment) et je peux vous certifier que je suis capable d'assimiler beaucoup plus rapidement n'importe quelle compétence ou technique que toute personne qui n'utilise pas la visualisation.

C'est une technique employée également en sophrologie et que les sportifs de haut niveau utilisent de plus en plus. Par exemple, vous avez peut être déjà vu des skieurs qui visualisent la descente qu'ils vont faire avant une compétition ou bien même dans un autre registre les pilotes de formule 1 qui visualisent tous les virages du circuit sur lequel ils vont courir. Il entrainent leur cerveau de manière à assimiler plus vite le parcours afin d'être le plus efficace le jour de la compétition. Arnold Schwarzenegger lui même utilisait cette technique lorsqu'il était à son plus haut niveau en bodybuilding et était même un précurseur des méthodes de visualisations.

Comment est-ce que je procède pour assimiler une technique

complexe ? Démonstration: je mets à nouveau mon walkman sur les oreilles et je me visualise en train d'exécuter cette technique complexe, je la répète dans ma tête encore et encore et encore.
J'imagine en fait la scène d'une manière si précise que j'ai l'impression d' être vraiment à l'entrainement, je ressens même la joie d'avoir pu exécuter le mouvement correctement contre mon adversaire ! Je peux également imaginer les félicitations de mon entraineur. En faisant cela, je ressens des émotions et donc je renforce ainsi encore plus l'impression (dans le sens d'imprimer) de ce geste dans mon cerveau. Si vous le faites vraiment à fond, lors de votre prochain entrainement vous aurez de fortes chances d' exécuter ce mouvement quasi automatiquement sous les yeux ébahis de vos partenaires d'entrainement !
Que vont ils penser de vous ? Juste que vous êtes doué pour ca, donc c'est normal que vous progressiez plus vite. Alors que nous savons très bien que cela n'est pas ca, mais que vous, contrairement aux autres vous utilisez votre cerveau comme outil supplémentaire d'entrainement.

Qu'est-ce qui fait d'après vous, la différence entre quelqu'un de bon, quelqu'un de très bon et un champion ?

Le secret pour une visualisation efficace se divise en deux parties: Une fois que vous avez appris quelques chose (attention je dis bien juste appris) cette information est dans votre cerveau, donc à ce moment là, que vous vous entrainiez en réel ou en visualisation, votre cerveau ne fera pas la différence. Ensuite la seconde partie de ce secret réside dans les émotions que vous ressentirez lors de vos visualisations, car qui dit émotions dit cerveau limbique et vous savez que c'est non seulement à cet endroit que se gère votre mémoire mais que la mémorisation est un processus émotionnel ! Pensez à tous vos souvenirs, que vous avez grâce ou à cause des émotions que vous avez eu au moment des faits si vous en doutiez encore.

A quoi va donc vous servir la visualisation et quel est le rapport avec la détection des mensonges ? L'objectif de ce chapitre est de vous apporter un outil pour affronter les situations difficiles, à fortes charges émotionnelles contre lesquelles il est souvent difficile de lutter. La visualisation va vous permettre de vous préparer à une situation difficile, que vous aurez peut être à traverser, et où il vous faudra être au maximum de vos capacités pour déceler la part de mensonges et de vérité le jour J et à l'heure H. Si vous appliquez ces techniques et que vous vous entrainez sérieusement vous transformerez toutes ces informations en réflexes et serez prêts quand il le faudra, peut être pas à cent pour cent, mais sans commune mesure avec l'état dans lequel vous seriez si vous décidiez de laisser faire les choses et restiez paralysé par les émotions.

La visualisation ne va pas seulement servir à assimiler plus vite le contenu de ce livre mais va vous permettre de préparer votre comportement face à cette situation. Par exemple, au lieu d'apprendre à donner un coup de poing vous allez apprendre à rester calme, à dominer vos émotions lors de la « confrontation » si d'habitude c'est une chose que vous avez du mal à faire.
Comment ?
En reprenant le principe de l'exercice de boxe dont je vous parlais. Nous allons travailler un exemple précis un peu plus loin dans ce chapitre mais avant nous allons parler un peu de la concentration.

Quel est le rôle de la concentration ? Comme je le disais en introduction, il arrive que vous soyez perturbé par un élément extérieur, qui vous a fait manquer la réaction limbique de votre interlocuteur, ou le simple contact « les yeux dans les yeux » et son pouvoir fascinateur qui vous a perturbé le jour J. Bien sur vous pourriez vous entrainer à la visualisation de ce problème, mais je vais juste vous donner quelques exercices à faire si vous avez des problèmes de concentration ou si votre esprit ne peut pas s'empêcher de vagabonder toute les dix secondes lorsque vous faites quelque chose.

Le but de la manipulation est que vous réussissiez à rester concentré sur quelque chose sans détourner une seule seconde votre attention.

Exercice 1:
Plutôt difficile, vous n'arriverez pas à le faire jusqu'au bout mais essayez de le faire le plus longtemps possible.
Asseyez vous quelque part et mettez devant vous une horloge à aiguilles (si possible sans l'aiguille des secondes), un réveil (une montre à affichage numérique fait très bien l'affaire). Votre mission consiste, si vous le voulez bien, à fixer pendant une heure et sans détourner une seule seconde, non seulement votre regard mais aussi votre pensée, de cette horloge, en clair vous devez vous concentrer à regarder le temps passer sans penser à autre chose que d'observer les aiguilles de l'horloge. Si vous vous entrainez régulièrement à faire cet exercice, je vous garantie que vous aurez un regard tellement perçant que vous pourriez faire fondre un objet rien qu'en le regardant ! Plus sérieusement, vous serez en mesure de fixer et d'observer votre interlocuteur sans vous détourner de votre objectif qui est celui de détecter les mensonges !

Plus difficile encore comme entrainement, vous pouvez refaire le même exercice précédent mais cette fois en fixant quelque chose de beaucoup moins attrayant qu'une horloge (si vous avez fait l'exercice, je ne sais pas si vous avez forcément trouvé l'horloge attrayante). Par exemple enfoncez une punaise au beau milieu de votre mur du salon, prenez une chaise, asseyez vous et fixez la punaise pendant une heure sans détourner le regard et la pensée... Beaucoup plus difficile n'est-ce pas ? Fixez vous une limite de temps comme 10 minutes pour commencer, cela devrait déjà être difficile. Si vous vous surprenez à détourner votre regard ou si vous vous rendez compte que votre pensée est partie faire un tour ailleurs , pas de problèmes, concentrez vous à nouveau sur l'horloge ou la punaise et essayez de tenir le plus longtemps possible. Faites cet exercice régulièrement et vous serez surpris à quel point votre concentration se sera développée.

Cet exercice va vous apporter un atout supplémentaire qui est celui de pouvoir augmenter votre concentration lors de vos séances de visualisations et d'en augmenter ainsi l'effet.

Puisque nous parlons d'exercice, en voici un qui va vous entrainer à développer votre concentration de visualisation. S' il est facile de s'imaginer dans une situation que l'on aime bien (un peu comme l'exemple de l'entrainement de boxe) il est en revanche plus difficile de se concentrer en continue sur une image visuelle qui n'a pas beaucoup d'intérêt pour vous.

Installez vous tranquillement sur une chaise, un canapé, un banc publique et concentrez vous non plus sur une punaise ou une horloge, mais cette fois sur une image mentale que vous allez vous représenter. Imaginez mentalement l'horloge que vous avez fixé en vrai dans votre salon et essayez de rester concentré sur cette image mentale le plus longtemps possible sans détourner votre pensée. Essayez de vous imaginer le plus précisément possible cette horloge et restez concentré dessus ! Allez, vous pouvez essayer de visualiser un autre objet, je vous l'autorise.... Vous pouvez visualiser une voiture, une personne, bref, ce que vous voulez. Vous pouvez par exemple observer une photo, puis ensuite vous fermez les yeux puis essayez de reproduire mentalement cette photo en restant concentré dessus une dizaine de minutes.

Ces exercices de concentration ont un effet vraiment bénéfique car ils développent en vous une force de concentration telle que vous pouvez concentrer en un seul point toute votre attention et réfléchir plus efficacement à un problème, à chercher sans relâche une solution sans que votre attention ne soit perturbée par des éléments extérieurs ou par vous même (vos émotions liées à ce problème particulier par exemple).
C'est tout le but de l'exemple qui va suivre.

Vous avez appris à apprendre plus rapidement des informations, vous avez appris à assimiler plus rapidement ces informations, à les transformer en réflexes, vous avez développé votre concentration, et maintenant vous êtes prêts pour l'entrainement final qui va vous préparer à affronter des situations difficiles, peut être même critiques ou simplement améliorer votre efficacité au quotidien. L'avantage de ces exercices, et au final de ces techniques d'entrainement mentales, c'est que vous pourrez les adapter sans problèmes à tous les domaines, compétences professionnelles, habilité manuelle, performances sportives, maitrise de soi et j'en passe. Le sujet de ce livre étant celui de faire de vous des détecteurs de mensonges vivants, nous allons aborder un cas de figure précis, complexe certes mais qui vous donnera plus facilement la possibilité de l'adapter à des cas plus simples.

Cas concret:
Vous êtes Madame Y, vous êtes mariée depuis plusieurs années mais hélas vous soupçonnez votre mari d'être infidèle. Vous n'en êtes pas sure et vous pensez même que cela n'est peut être pas la première fois. Vous avez songé que vous pourriez peut être divorcer mais vous n'y avez pas encore sérieusement réfléchi. Dans l'immédiat votre première idée est d'essayer de détecter des mensonges chez votre mari. Mais il y a bien un problème de taille , c'est que votre mari devient agressif et même violent verbalement au point que vous n'osez même plus lui poser des questions

lorsque vous essayez d'aborder le sujet avec lui. Vous éprouvez de la colère ou de la peur mais ces émotions vous paralysent complètement au point même que vous pensez finalement abandonner toute idée de connaître la vérité et de fermer les yeux. Par exemple, lorsque vous essayez de poser des questions plus ou moins directes pour ne pas attirer son attention il vous répond brutalement et agressivement, vous soupçonnez bien qu'il cache quelque chose mais vous avez peur de sa réaction au point d'en oublier de chercher à détecter des signes évidents de mensonges.

Comment adapter les techniques de ce chapitre à cette situation ? Comment tenter de rester lucide face à de fortes tensions émotionnelles ?

La première question qu'il faut vous poser est: qu'est ce que je veux faire exactement ? Exemple: rester d'une lucidité à toute épreuve lorsque vous lui posez les questions fatidiques, repérer tous les signes qui mettent en évidence ses mensonges, et le plus difficile, le confronter à ses mensonges et prendre une décision à l'issue. Dès que vous savez ce que vous voulez exactement faire il faut travailler sur ces points précis. Pour rester lucide, du moins dans une mesure suffisante, il faut travailler la concentration. Les exercices précédents, aussi bizarres soient-ils, vous permettent de rester concentré sur un point et ne plus vous en détourner. Cela vous apporte aussi la capacité de vous détacher de tous les éléments perturbateurs qui entourent ce point et ainsi de rester lucide. Ensuite ajoutez les exercices de visualisation. Installez vous tranquillement quelque part et imaginez, entrainez vous mentalement à cette situation bien précise, à l'objectif que vous voulez atteindre.

Le fait de rester lucide est dans votre tête, alors entrainez la ! Visualisez vous face à ce mari qui habituellement vous fait perdre vos moyens à part que maintenant c'est presque le contraire qui se produit, visualisez exactement l'objectif que

vous voulez atteindre, c'est à dire rester lucide, imaginez vous étant totalement insensible à ses réactions, vous êtes complètement lucide et décelez sans aucun efforts tous ses mensonges, à tel point que vous en êtes vous même impressionnée...!
Vous devinez où je veux en venir, ressentez dans cet exercice mental à quel point vous êtes si heureuse d'y être arrivée, bref, éprouvez des émotions ! C'est ainsi que vous allez ancrer plus profondément et plus rapidement dans votre esprit ce nouveau réflexe qui va remplacer l'ancien. Plus vous ferez cet exercice avec des émotions plus vite ce réflexe se développera et le jour de la confrontation vous serez beaucoup plus lucide que vous ne l'auriez jamais cru.
Le jour de la confrontation arrive. Question la plus importante qu'il faut vous poser: qu'est ce que je veux faire exactement ? (Comme j'ai l'habitude de le dire vous pouvez aller dans n'importe quelle direction dans la vie mais avant de savoir où encore faut-il d'abord savoir où l'on est).
Que vais-je lui dire ? Quels sont les points précis que je vais aborder avec lui pendant la confrontation ? Une fois que vous avez répondu à ces questions vous pouvez, à la manière du pilote de formule 1 qui visualise mentalement le circuit sur lequel il va courir, préparer à votre tour cette confrontation. Visualisez vous, la force tranquille, sereine et insensible à ses réaction, lui imposer vos questions, imaginez vous repérer tous ses mensonges, imaginez ses réactions violentes n'avoir aucun impacte sur vous, continuez à lui poser vos questions, mettez y des émotions, éprouvez la joie d'y être arrivée, imaginez la réaction de vos amis lorsque vous leur raconterez la façon dont vous aurez résolu le problème, imaginez vous le moment où vous prendrez la décision que vous vous serez fixée par rapport à cette situation, bref, entrainez vous mentalement !

L'objectif de ce chapitre et l'exemple que nous venons d'aborder a donc été de vous donner quelques techniques pour que vous puissiez être plus efficace dans la détection des mensonges. Car en fonction des situations, il peut ne pas être évident pour tout le monde de rester suffisamment

lucide pour les détecter correctement. L'exemple que nous venons de voir vous pouvez l'adapter à la situation qui vous concerne. Êtes vous juste un peu distrait ? Timide ? Avez vous peur de regarder vos interlocuteurs dans les yeux ? Avez vous peur de l'entretien qui se prépare ? Vous pensez que vous n'arriverez jamais à détecter rapidement les mensonges (par exemple lors d'un acte de vente) ? Vous voulez acquérir une efficacité telle que vous détecterez n'importe quelle réaction de mensonges sans même vous concentrer (un réflexe quoi!) ? Vous voulez détecter les mensonges d'une personne sans la regarder directement ? Vous savez ce qu'il vous reste à faire, cela se passe dans votre tête alors définissez exactement ce que vous voulez et entrainez vous par la visualisation et vous aurez rapidement des résultats !

Testé et approuvé.

CONCLUSION

C'est ici que se termine ce petit livre de la détection des mensonges. J'espère qu'il vous a plu et vous aura donné envie de devenir des détecteurs de mensonges vivants !

Plus sérieusement, l'objectif plus modeste de ce petit livre est avant tout de vous apporter des outils et techniques qui vous permettrons de développer votre vigilance. Et si c'est le cas à présent alors sachez que j'en suis comblé.

N'oubliez pas qu'il faut de l'entrainement, mais les exercices et les techniques sont simples alors il n'y a pas de raison de ne pas y arriver.

N'oubliez pas de prendre en compte que ce n'est pas parce que vous aurez découvert un (seul) mensonge chez votre interlocuteur qu'il faudra immédiatement le traiter de menteur ! Comme je vous l'ai conseillé au début de ce livre, établissez une liste dans votre tête dans laquelle vous tracerez une colonne mensonges et dans laquelle vous déposerez tous vos indices !

Je vous souhaite un bon entrainement et surtout, amusez vous bien !

Très cordialement,

Philippe Kaizen.

Bibliographie.

Joe Navarro: Read'em and reap
Ancien agent spécial du FBI et expert en détection des mensonges.

Paul Ekman: Emotions revealed
Expert en émotions et réactions faciales, la série télévisée Lie to Me s'est inspirée de ses travaux.

David Lieberman: Never be lied to Again
Spécialiste de la communication et expert en détection des mensonges et manipulations. A écrit plusieurs best-seller sur le sujet.

Docteur Roger Sperry: www.rogersperry.info
Prix nobel de médecine pour ses travaux sur le cerveau humain et notamment sur les deux hémisphères du cerveau.

Paul Clément Jagot.
A écrit de nombreux livres sur la concentration et le pouvoir de la volonté. Spécialiste de l'hypnose.

Notes: